高等职业教育教材

原油蒸馏技术与实训

李善吉　黄建兵　黄愈斌　主编

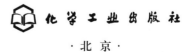

化学工业出版社

·北京·

内容简介

本书主要介绍了原油蒸馏装置的基本知识，包括认识蒸馏装置、典型精馏装置仿真操作、乙醇精馏实训装置操作、原油常减压蒸馏装置仿真操作、原油常减压蒸馏生产性实训装置操作五部分，涵盖了原油性质、产品种类、蒸馏基本原理和工艺流程、操作技术、装置开停车和事故的分析、判断、处理等内容。本书旨在培养学生综合利用所学的理论知识，实现从理论知识到实践应用的跨越，锻炼学生分析问题和解决问题的能力。

本书可作为高等职业院校石油化工类专业的教材，也可供从事炼油生产的相关工程技术人员参考。

图书在版编目（CIP）数据

原油蒸馏技术与实训 / 李善吉，黄建兵，黄愈斌主编. -- 北京：化学工业出版社，2024.8. -- ISBN 978-7-122-46513-9

Ⅰ．TE624.2

中国国家版本馆CIP数据核字第2024ZZ3597号

责任编辑：熊明燕　提　岩
责任校对：刘曦阳
装帧设计：关　飞

出版发行：化学工业出版社
　　　　　（北京市东城区青年湖南街 13 号　邮政编码 100011）
印　　装：北京天字星印刷厂
787mm×1092mm　1/16　印张 8¼　字数 197 千字
2025 年 3 月北京第 1 版第 1 次印刷

购书咨询：010-64518888　　　　售后服务：010-64518899
网　　址：http://www.cip.com.cn

凡购买本书，如有缺损质量问题，本社销售中心负责调换。

定　价：35.00元　　　　　　　版权所有　违者必究

前言

常减压蒸馏是炼油厂加工原油的第一个工序，即原油的一次加工，其获得的直馏产品可作为后续二次加工的原料，在炼油厂加工生产总流程中具有非常重要的作用，常被称为"龙头"装置。本书结合石油化工企业职业技能鉴定与高等职业教育的教学需求和学生实际情况，以实际工作过程为导向，构建了教材内容体系。选取原油蒸馏装置的石油产品的生产作为项目核心，对教材结构进行了全面优化和重组，明确了各项学习任务和实践项目，包括认识蒸馏装置、典型精馏装置仿真操作、乙醇精馏实训装置操作、原油常减压蒸馏装置仿真操作、原油常减压蒸馏生产性实训装置操作五部分内容，旨在帮助学生全面掌握石油产品生产装置的操作与控制技能。

本书由广州工程技术职业学院的李善吉和黄建兵、中国石油化工股份有限公司广州分公司的黄愈斌担任主编，广州工程技术职业学院的温华文和中国石油化工股份有限公司广州分公司的邹铖担任副主编。本书绪论、项目1、项目2由广州工程技术职业学院的李善吉、温华文、雷顺安、徐明进编写，项目3、项目4由广州工程技术职业学院的黄建兵、车璇、赵仕英、于理斐编写，项目5由中国石油化工股份有限公司广州分公司的黄愈斌、邹铖、张慧、刘圣刚、陈崇洁、焦伍金编写。本书在编写过程中，得到了广州工程技术职业学院领导老师、中国石油化工股份有限公司广州分公司技术人员、化学工业出版社的大力支持，在此一并表示感谢。

由于编者水平所限，书中难免有不足之处，敬请读者批评指正。

编者
2024年7月

目录

绪论 / 001

项目1 认识蒸馏装置 / 002

项目导入 002
项目概述 002
任务1 认识乙醇精馏实训装置 003
任务2 认识常减压蒸馏装置 004
【相关知识】 004
    1.1 实训装置介绍 004
    1.2 化工工艺流程图 005
【思考题】 008

项目2 典型精馏装置仿真操作 / 009

项目导入 009
项目概述 009
任务1 冷态开车、正常操作和停车仿真操作 009
任务2 事故处理 010
【相关知识】 011
    2.1 蒸馏理论知识 011
    2.2 精馏塔仿真单元工艺流程说明 027
    2.3 冷态开车操作 028
    2.4 正常操作 029
    2.5 正常停车操作 030

2.6　事故处理仿真操作 ·· 031
　　2.7　仿真界面图 ·· 032
　　2.8　仪表和控制指标 ··· 033
【思考题】 ·· 034

项目 3　乙醇精馏实训装置操作 / 035

项目导入 ·· 035
项目概述 ·· 035
任务 1　开车前准备 ·· 035
任务 2　精馏装置开车、正常运行和停车操作 ·· 036
【相关知识】
　　3.1　乙醇精馏实训装置操作规程 ··· 039
　　3.2　生产技术指标 ·· 042
　　3.3　装置联调及试车 ·· 043
　　3.4　精馏装置开停车操作 ·· 047
【思考题】 ·· 050

项目 4　原油常减压蒸馏装置仿真操作 / 051

项目导入 ·· 051
项目概述 ·· 051
任务 1　冷态开车、正常操作和正常停车仿真操作 ··································· 051
任务 2　事故处理 ·· 052
【相关知识】
　　4.1　石油的化学组成 ·· 053
　　4.2　石油及其产品的物理性质 ··· 057
　　4.3　石油产品的使用要求和规格指标 ··· 063
　　4.4　原油常减压蒸馏 ·· 083
　　4.5　装置开停工操作方案 ·· 102
　　4.6　主要工艺设备控制指标 ··· 109
【思考题】 ·· 110

项目 5　原油常减压蒸馏生产性实训装置操作 / 112

项目导入 112
项目概述 112
任务 1　开车前准备 112
任务 2　常减压蒸馏装置的开车、正常运行与停车操作 113
【相关知识】 116
 5.1　常减压蒸馏装置概况 116
 5.2　常减压蒸馏装置工艺流程 116
 5.3　常减压蒸馏实训装置操作规程 117
 5.4　信号阀门列表 122
 5.5　主要稳态工艺参数控制范围 123
【思考题】 124

参考文献 / 125

绪论

　　石油炼制工业在国民经济中具有举足轻重的地位，是不可或缺的支柱产业。石油是能源供应的主要来源，尤其为交通运输领域提供了必需的燃料。化工行业所需要的有机化工原料也有一部分来源于石油炼制工业。原油蒸馏装置是石油炼制或石油加工的第一道工序，是石油炼制过程的"龙头"装置。原油蒸馏装置在生产某些石油产品（如直馏喷气燃料、直馏柴油等）的同时，还为催化重整、催化裂化、加氢裂化、润滑油和基础油生产装置和各类重油加工装置等提供原料。原油蒸馏包括常压蒸馏和减压蒸馏两个过程，分别在常压塔和减压塔内进行，初步把原油分离为汽油、煤油、柴油、蜡油和渣油等产品。

　　本书主要介绍常减压蒸馏装置及精馏装置。精馏在石油化工行业应用广泛。典型精馏装置，相对于常减压蒸馏装置，其工艺简单，精馏塔结构和操作也较为简单；而常减压蒸馏装置工艺较为复杂，其中，精馏塔、常压塔和减压塔是复合塔，其结构复杂，操作难度也大。因此，按照认知规律，首先应对工艺装置有初步的认识，然后按照从简单到复杂的顺序进行理论学习和技能实训。

　　原油蒸馏技术与实训课程的主要学习内容包括理论和实训两部分。

　　理论知识包括以下几个方面：

① 石油、石油馏分及石油产品的化学性质和物理性质；
② 主要石油产品的性质要求及主要性能；
③ 我国主要原油特性及其加工方向；
④ 原油常减压蒸馏过程的基本原理、工艺流程、常减压装置操作。

　　实训方面按照由简单到复杂的顺序，分为以下几个项目：

项目1　认识蒸馏装置；
项目2　典型精馏装置仿真操作；
项目3　乙醇精馏实训装置操作；
项目4　原油常减压蒸馏装置仿真操作；
项目5　原油常减压蒸馏生产性实训装置操作。

　　需要说明的是，项目2中精馏装置的仿真操作为脱丁烷塔精馏的仿真操作。而进行精馏装置的现场实训时，考虑到大部分原料和产品通常为有机物，易燃、易爆且有一定毒性，因此项目1和项目3选取了相对安全的乙醇精馏装置作为介绍对象。

　　原油蒸馏技术与实训课程所涉及的内容，实践性和综合性较强，因此在学习过程中应重视理论联系实际。不仅要掌握理论知识，还要学会用理论指导实践，要重视实践经验的总结，善于从生产现象出发，总结规律性的结论。

项目 1
认识蒸馏装置

项目导入

在炼油、化工、医药、食品等生产中，常需要将液体混合物分离以达到提纯或者回收有用组分的目的。分离互溶液体混合物的方法有很多种，蒸馏是最常用的一种，其依据是混合液中各组分挥发能力存在差异。例如，炼油过程的原油蒸馏、石油气体分离、气体净化、催化裂化产物分离、加氢裂化产物分离等，裂解气体分离、"三苯"（苯、甲苯、二甲苯）分离等过程。

蒸馏操作主要是通过液相和气相间的质量和热量传递来实现的。例如，加热苯和甲苯的混合液，使之部分汽化，由于苯的挥发度较甲苯高（即苯的沸点比甲苯低），故苯易于从液相中汽化出来。若将汽化的蒸气全部冷凝，即可得到苯含量高于原料的产品，从而使苯和甲苯得以初步分离。通常称沸点低的组分为易挥发组分（或轻组分），沸点高的组分称为难挥发组分（或重组分）。

蒸馏按操作方式可分为简单蒸馏、平衡蒸馏、精馏、特殊蒸馏等多种方法。按原料中所含组分数目可分为双组分蒸馏及多组分蒸馏。按操作压力可分为常压蒸馏、加压蒸馏及减压（真空）蒸馏。此外按操作是否连续又可分为连续精馏和间歇精馏。

原油蒸馏是利用精馏的方法把原油分离成不同沸点范围油品（称为馏分）的过程，是原油加工的第一步（如图 1-1 所示），因此原油蒸馏装置（工业上称为常减压蒸馏装置）也是炼油过程的"龙头"装置。

原油是一种多种烃的混合物，是黏稠的、深褐色的液体，在原油蒸馏过程中，通过精确控制温度，可以使特定沸点的组分挥发出来，从而实现原油中各组分的分离。常压塔和减压塔是复合精馏塔，其操作较一般精馏塔复杂。

项目概述

进行乙醇精馏实训装置和常减压蒸馏装置的培训，或参观石化企业常减压蒸馏装置，了解装置的基本构成和操作流程；通过文献检索，认识常减压蒸馏装置在石化行业的重要地位。

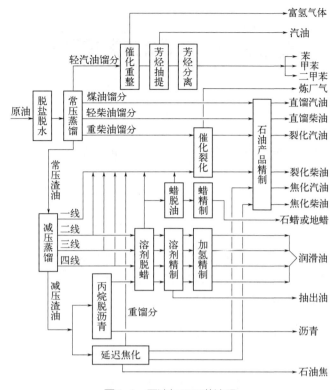

图1-1 原油加工工艺流程

任务1 认识乙醇精馏实训装置

任务描述

认识乙醇精馏实训装置主要设备，了解工艺流程，并通过文献检索，了解精馏在石油化工行业的应用。

任务实施

通过预习化工单元精馏仿真装置操作，了解化工单元精馏仿真装置工艺流程；参观校内乙醇精馏装置，认识典型精馏装置的主要设备，并识读工艺流程图；通过文献检索，认识精馏在石油化工行业中的应用。

任务考核

现场考核工艺流程，找出主要设备；识读乙醇精馏装置工艺流程图；列出几个石油化工行业中用精馏进行产品分离的装置案例。

任务2　认识常减压蒸馏装置

任务描述

认识常减压蒸馏实训装置主要设备、了解工艺流程，并通过文献检索，了解炼油行业油品分离用到的蒸馏塔或分馏塔的装置。

任务实施

课前预习常减压蒸馏仿真软件操作课程，了解常减压蒸馏仿真装置工艺流程；参观校内常减压蒸馏实训装置，认识常减压蒸馏装置的主要设备；通过文献检索，了解原油加工过程中用到蒸馏或分馏塔的装置。

任务考核

现场考核工艺流程，找出装置主要设备；列出装置的主要产品；列出炼油过程中用蒸馏或分馏进行油品分离的装置案例。

【相关知识】

1.1　实训装置介绍

1.1.1　乙醇精馏实训装置介绍

精馏是分离液体混合物最常用的一种操作，在化工、医药、炼油等领域得到了广泛的应用。精馏是同时进行传热和传质的过程，为实现精馏过程，需要配备用于物料的贮存、输送、传热、分离、控制等的设备和仪表。为降低学生实训过程中的危险性，采用水-乙醇作为精馏体系，乙醇精馏实训装置现场图和DCS界面如图1-2和图1-3所示。

图1-2　乙醇精馏实训装置

图1-3　乙醇精馏实训装置DCS界面

1.1.2 常减压蒸馏实训装置介绍

该常减压蒸馏实训装置是浙江中控科教仪器设备有限公司根据工厂生产实际流程，并结合实际教学要求，设计的三级蒸馏教学装置，即包含初馏塔—常压炉—常压塔—减压炉—减压塔两炉三塔流程的化工仿真装置。如图1-4所示，此装置是以原油加工能力为350万吨/年的工厂装置为设计背景，将设计按10∶1的比例缩小而成。

图1-4　常减压蒸馏实训装置

1.2　化工工艺流程图

化工工艺流程图是用来表达化工厂、化工车间或某一个工段工艺流程与相关设备、辅助装置、仪表与控制要求基本情况的图样，是从事化工生产操作人员了解化工生产过程最简单、最直接的工具。

化工工艺流程图按其内容及使用目的的不同可分为全厂流程图、方案流程图、带控制节点的工艺流程图（PID图）与管道仪表流程图。图1-5为乙醇精馏实训装置带控制点的工艺流程图。

认识工艺流程图，首先要清楚整个工艺由多少设备构成，动设备有哪些，静设备有哪些。熟悉工艺流程图中的设备代号和图例是必要的前提，在工艺流程图中，每种设备都有其规定的图例和代号，见表1-1。

然后要清楚该生产工艺中物料的种类。一个生产工艺中要用到的物料很多，在生产过程中被加工的物料称为主要物料，如原料、溶剂等。除此之外，还需要工艺用水、蒸汽、工艺气体等辅助物料，表1-2列出了化工生产中常见物料名称及代号。

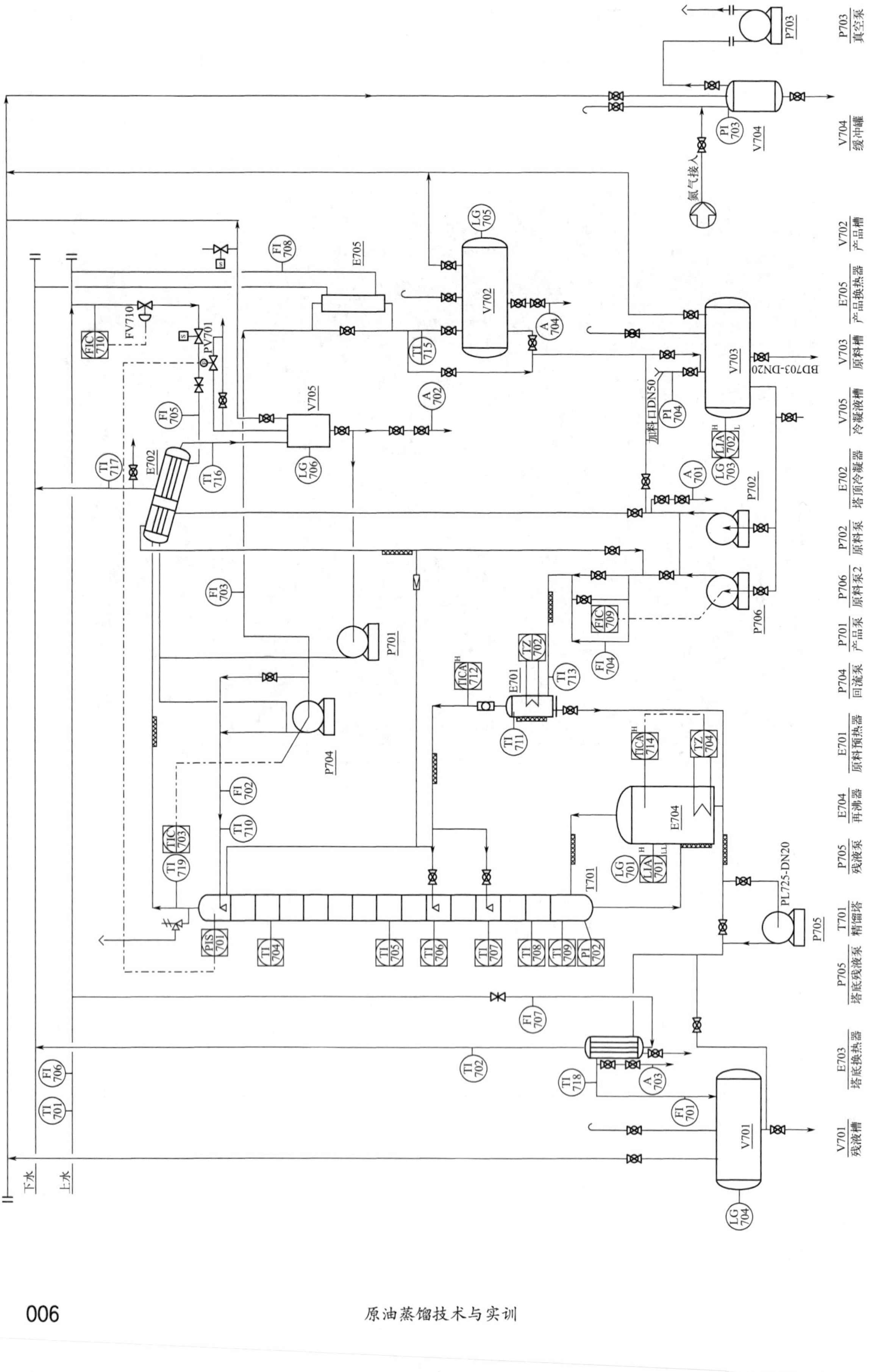

图1-5 精馏生产工段带控制点的工艺流程图

表1-1 工艺流程图的设备代号与图例

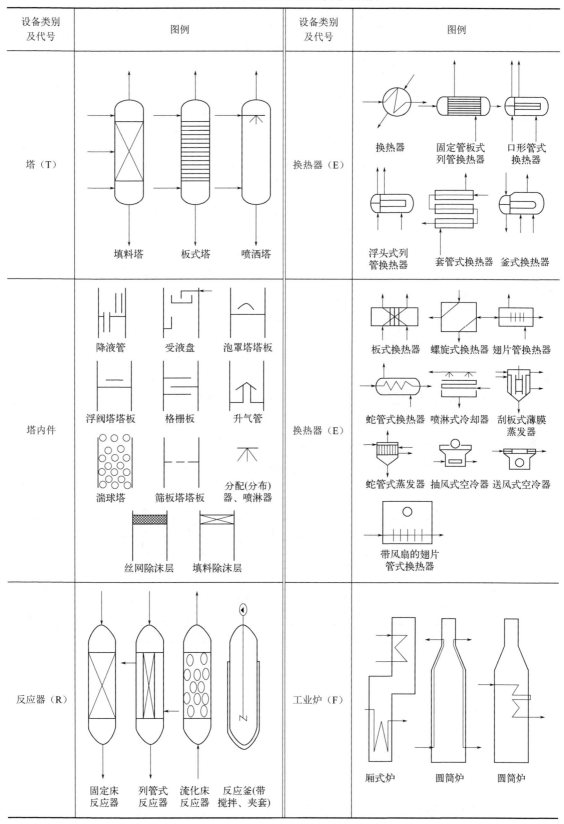

表1-2　常见物料名称及代号

工艺物料代号	物料名称	空气、蒸气物料代号	物料名称	工业用水物料代号	物料名称
PA	工艺空气	AR	空气	BW	锅炉给水
PG	工艺气体	CA	压缩空气	CWR	循环冷却水回水
PGL	气液两相流工艺物料	IA	仪表空气	CWS	循环冷却水上水
PGS	气固两相流工艺物料	HS	高压蒸气	DNW	脱盐水
PL	工艺液体	LS	低压蒸气	DW	饮用水、生活用水
PS	工艺固体	MS	中压蒸气	FW	消防水
PLS	液固两相流工艺物料	TS	伴热蒸气	RW	原水、新鲜水
PW	工艺水	SC	蒸气冷凝水	SW	软水

注：此表选自HG/T 20519.2—2009。

接着，要清楚物料的流向及发生的变化。在工艺流程图中，管线箭头的方向代表物料的走向。从某管线的一端开始，沿着箭头的方向，要清楚物料经过的设备，发生的过程，以及最终的去向。在此基础上，最后要认识流程图中的测量仪表。在工艺流程图中，仪表位号中的字母代号填写在圆圈中的上半个圆中，数字编号填写在圆圈的下半圆中，如图1-6所示。其中F是被测变量字母代号，IC是功能字母代号I与C的组合，04是工段号，06是仪表序号。被测变量及仪表功能字母组合示例见表1-3。

图1-6　精馏装置工艺流程图

本精馏装置工艺流程如下：原料槽（V703）内约20%的水-乙醇混合液，经原料泵（P702）输送至原料加热器E701，预热后，由精馏塔中部进入精馏塔T701，进行分离，气相由塔顶馏出，经冷凝器E702冷却后，进入冷凝液槽V705，经产品泵P701，一部分送至精馏塔上部第一块塔板作回流用；一部分送至塔顶产品罐V702作产品采出。塔釜残液经塔底换热器（E703）冷却后送到残液槽（V701），也可不经换热，直接送到残液槽（V701）。

表1-3　被测变量及仪表功能字母组合示例

仪表功能	被测变量						
	温度T	温差TD	压力P	压差PD	流量F	物位L	分析A	温度D
指示I	TI	TDI	PI	PDI	FI	LI	AI	DI
记录R	TR	TDR	PR	PDR	FR	LR	AR	DR
控制C	TC	TDC	PC	PDC	FC	LC	AC	DC
变送T	TT	TDT	PT	PDT	FT	LT	AT	DT
报警A	TA	TDA	PA	PDA	FA	LA	AA	DA
开关S	TS	TDS	PS	PDS	FS	LS	AS	DS
指示、控制IC	TIC	TDIC	PIC	PDIC	FIC	LIC	AIC	DIC

【思考题】

1. 蒸馏分类方式有哪些？
2. 原油蒸馏装置的作用是什么？为什么原油蒸馏装置被称为原油加工的"龙头"装置？
3. 什么是化工工艺流程图？它可以分为哪几种？

项目 2
典型精馏装置仿真操作

项目导入

化工生产具有以下特点:
(1) 化工生产使用的大多数物质属于易燃、易爆、有毒、有害或者具有腐蚀性的危险化学品;
(2) 生产装置密集,装置大型化、连续化、自动化;
(3) 知识、技术、资金密集。

精馏是化工生产中的一种重要分离技术,广泛应用于石油、化工、食品加工等多个行业。精馏涉及比较复杂的操作流程,同时还会使用到易燃、易爆、有毒的危险化学品,具有一定的危险性。

本项目为化工生产中典型的精馏装置——脱丁烷塔精馏塔的仿真操作,通过仿真训练帮助操作人员熟悉精馏流程与操作过程,为精馏实训装置现场操作奠定基础。

项目概述

本项目包括精馏塔的开车、正常运行、停车和事故处理等训练内容。按照化工实际生产的任务要求,从质量指标(产品纯度)、产品产量和能量消耗三个方面进行优化操作,保证精馏塔稳定连续操作,并保证设备的正常与安全运行。

任务 1　冷态开车、正常操作和停车仿真操作

 任务描述

在脱丁烷塔中将丁烷从脱丙烷塔釜混合物中分离出来,包括化工单元精馏塔设备的冷态开车、正常操作、正常停车等工况的操作。

任务实施

按照精馏塔化工单元仿真操作规程要求，完成以下任务。
（1）冷态开车操作仿真
① 开车准备；
② 进料过程；
③ 启动再沸器；
④ 建立回流；
⑤ 调整至正常。
（2）正常操作仿真
正常工况下的工艺参数指标控制在操作正常值，根据实际情况进行调节。
（3）正常停车操作仿真
① 降负荷；
② 停进料和再沸器；
③ 停回流；
④ 降压、降温。
仿真操作训练过程可以按照开车、正常操作和正常停车的顺序，依次进行实训操作。

任务考核

依据操作正确率和完成质量，按评分系统客观评分。首先开卷进行训练，考核时闭卷考核，考核时间可以根据学习阶段而定，操作熟练后，可相应减少考核时间。开车、正常工况和停车可一起考核，也可分开进行考核。

任务2 事故处理

任务描述

模拟脱丁烷塔精馏塔正常运行过程常见事故，包括加热蒸汽压力过高、加热蒸汽压力过低、冷凝水中断、停电、回流泵故障、回流控制阀FC104阀卡等事故，掌握常见事故的应急操作流程，培养分析事故原因、处理事故的能力，保障生产安全运行。

任务实施

按照精馏塔化工单元仿真操作规程要求，完成以下任务：
① 加热蒸汽压力过高；
② 加热蒸汽压力过低；

③ 冷凝水中断；
④ 停电；
⑤ 回流泵故障；
⑥ 回流控制阀FC104阀卡。

 任务考核

闭卷考核，依据操作正确率和完成质量，评分系统客观评分。

【相关知识】

2.1 蒸馏理论知识

2.1.1 两组分溶液的气液平衡

蒸馏是气液两相间的传质过程，因此常用组分在两相中的浓度（组成）偏离平衡的程度来衡量传质推动力的大小。传质过程是以两相达到相平衡为极限的。因此气液两相平衡关系是分析蒸馏原理和进行蒸馏设备计算的理论基础。

2.1.1.1 相律和拉乌尔定律

（1）相律

相律是研究相平衡的基本规律。相律表示平衡物系中的自由度数、相数及独立组分数之间的关系，即：

$$F = C - \varphi + 2 \tag{2-1}$$

式中，F为自由度数；C为独立组分数；φ为相数。

（2）拉乌尔定律

根据溶液中同分子与异分子间作用力的差异，可将溶液分为理想溶液和非理想溶液。

实验表明，理想溶液的气液平衡关系遵循拉乌尔定律，即：

$$p_A = p_A^0 x_A \tag{2-2}$$

$$p_B = p_B^0 x_B = p_B^0 (1 - x_A) \tag{2-3}$$

式中，p为溶液上方组分的平衡分压，Pa；p^0为同温度下纯组分的饱和蒸气压，Pa；x为溶液中组分的摩尔分数；下标A为易挥发组分，B为难挥发组分。

为了简单起见，常略去上式中的下标，习惯上以x表示液相中易挥发组分的摩尔分数，以（$1-x$）表示难挥发组分的摩尔分数；以y表示气相中易挥发组分的摩尔分数，以（$1-y$）表示难挥发组分的摩尔分数。

当系统达到相平衡时，溶液上方的总压等于各组分的蒸气压之和，即：

$$p = p_A + p_B \tag{2-4}$$

联立式（2-2）、式（2-3），可得：

$$x_A = \frac{p - p_B^0}{p_A^0 - p_B^0} \tag{2-5}$$

当系统压力不太高时,平衡的气相可视为理想气体,遵循道尔顿分压定律,即:

$$y_A = \frac{p_A}{p} \tag{2-6}$$

于是

$$y_A = \frac{p_A^0}{p} x_A \tag{2-7}$$

式(2-6)和式(2-7)即为两组分理想物系的气液平衡函数关系式。对任一的两组分理想溶液,利用一定温度下纯组分的饱和蒸气压数据,即可求得平衡的气液相组成。反之,若已知一相组成,也可求得与之相平衡的另一相组成和温度。

2.1.1.2 相对挥发度

在两组分蒸馏的分析和计算中,用相对挥发度来表示气液平衡函数关系更为简便。通常纯液体的挥发度是指该液体在一定温度下的饱和蒸气压。而溶液中各组分的蒸气压因组分间的相互影响要比纯态时的低,故溶液中各组分的挥发度v可用它在蒸气中的分压和与之相平衡的液相中的摩尔分数之比表示,即:

$$v_A = \frac{p_A}{x_A} \tag{2-8a}$$

$$v_B = \frac{p_B}{x_B} \tag{2-8b}$$

式中,v_A和v_B分别为溶液中的A、B两组分的挥发度。对于理想溶液,因符合拉乌尔定律,则有:

$$v_A = p_A^0 \tag{2-9a}$$

$$v_B = p_B^0 \tag{2-9b}$$

由此可知,溶液中组分的挥发度是随溶液的温度而变的,因此在实际应用中引出了相对挥发度的概念。通常将溶液中易挥发组分的挥发度与难挥发组分的挥发度之比,称为相对挥发度,以α表示,即:

$$\alpha = \frac{v_A}{v_B} = \frac{p_A/x_A}{p_B/x_B} \tag{2-10}$$

若操作压力不高,气相遵循道尔顿分压定律,故式(2-10)可改写为:

$$\alpha = \frac{py_A/x_A}{py_B/x_B} = \frac{y_A/x_A}{y_B/x_B} \tag{2-11}$$

相对挥发度的数值可由实验测得。对理想溶液,则有:

$$\alpha = \frac{p_A^0}{p_B^0} \tag{2-12}$$

由式(2-12)看出,理想溶液中组分的相对挥发度等于同温度下两纯组分的饱和蒸气压之比。相对挥发度α值的大小可以用来判断某混合物是否能用蒸馏方法加以分离以及分离的难易程度。若 $\alpha>1$，表示组分A较组分B容易挥发，α越大，挥发度差异愈大，分离愈容易。若 $\alpha=1$，即气相组成等于液相组成，此时不能用普通精馏方法分离该混合液。

2.1.1.3 两组分理想浓液的气液平衡相图

气液平衡用相图来表达比较直观、清晰，应用于两组分蒸馏中更为方便，而且影响蒸馏的因素可在相图上直接反映出来。

（1）t-x-y图

蒸馏操作通常在一定的外压下进行，溶液的平衡温度随组成而变。溶液的平衡温度-组成（t-x-y）图是分析蒸馏原理的理论基础。

在总压为101.33kPa下，苯-甲苯混合液的平衡温度-组成图如图2-1所示。图中以 t 为纵坐标，以 x 或 y 为横坐标。图中有两条曲线，上曲线为 t-y 线，表示混合液的平衡温度 t 和气相组成 y 之间的关系。此曲线称为饱和蒸气线。下曲线为 t-x 线，表示混合液的平衡温度 t 和液相组成 x 之间的关系。此曲线称为饱和液体线。上述的两条曲线将 t-x-y 图分成三个区域。饱和液体线以下的区域代表未沸腾的液体，称为液相区；饱和蒸气线上方的区域代表过热蒸气，称为过热蒸气区；二曲线包围的区域表示气液两相同时存在，称为气液共存区。

若将温度为 t_1，组成为 x_1（图中点A表示）混合液加热，当温度升高到 t_2（点J）时，溶液开始沸腾，此时产生第一个气泡，相应的温度称为泡点温度，因此饱和液体线又称泡点线。同样，若将温度 t_4、组成为 y_1（点B）的过热蒸气冷却，当温度降到 t_3（点H）时，混合气体开始冷凝产生第一滴液体，相应的温度称为露点温度，因此饱和蒸气线又称露点线。

由图2-1可见，气、液两相呈平衡状态时，气、液两相的温度相同，但气相组成大于液相组成。若气、液两相组成相同，则气相露点温度总是大于液相的泡点温度。

（2）x-y图

蒸馏计算中，经常应用一定外压下的 x-y 图。图2-2为苯-甲苯混合液在 p=102.33kPa下的 x-y 图。图中以 x 为横坐标，y 为纵坐标，曲线表示液相组成与之平衡的气相组成间的关系。例如，图中曲线上任意点D表示组成为 x_1 的液相与组成为 y_1 的气相互成平衡，且表示点D有一确定的状态。图中对角线 $x=y$ 的直线，查图时可作参考。对于大多数溶液，两相达到平衡时，y 总是大于 x，故平衡线位于对角线上方，平衡线偏离对角线越远，表示该溶液愈易分离。

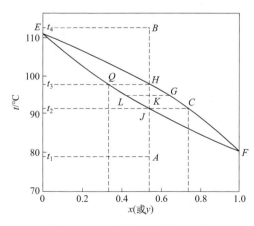

图2-1 苯-甲苯混合液的 t-x-y 图

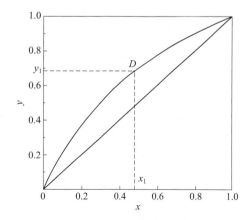

图2-2 苯-甲苯混合液的 x-y 图

2.1.2 平衡蒸馏、简单蒸馏

2.1.2.1 平衡蒸馏

平衡蒸馏（或闪蒸）是一种单级蒸馏操作。化工生产中多采用连续操作的平衡蒸馏装置。混合液先经加热器升温，使液体温度高于分离器压力下液体的沸点，然后通过减压阀使其降压后进入分离器中，此时过热的液体混合物即被部分汽化，平衡的气液两相在分离器中得到分离。通常分离器又称为闪蒸罐（塔）。平衡蒸馏计算所应用的基本关系是物料衡算、热量衡算和气液平衡关系。

对图2-3所示的连续平衡蒸馏装置作物料衡算，可得：

$$总物料 \quad F = D + W \tag{2-13}$$

$$易挥发组分 \quad F_{x_F} = D_y + W_x \tag{2-14}$$

式中，F、D、W分别为原料液、气相与液相流量，单位kmol/h或kmol/s；x_F、y、x分别为原料液、气相与液相产品的组成摩尔分数。

2.1.2.2 简单蒸馏

简单蒸馏又称为微分蒸馏，也是一种单级蒸馏操作，常以间歇方式进行。在简单蒸馏装置中，混合液在蒸馏釜中受热后部分汽化，产生的蒸气随即进入冷凝器中冷凝，冷凝液不断流入接收器中，作为馏出液产品。由于气相中组成y大于液相组成x，因此随着过程的进行，釜中液相组成不断下降，使得与之平衡的气相组成（馏出液组成）亦随之降低，而釜内液体的沸点逐渐升高。通常当馏出液平均组成或釜残液组成降至某规定值后，即停止蒸馏操作。

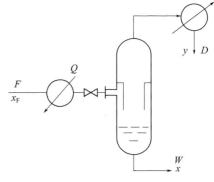

图2-3 平衡蒸馏

简单蒸馏是不稳态过程，虽然瞬间形成的蒸气与液相可视为互相平衡，但形成的全部蒸气并不与剩余的液体平衡。因此简单蒸馏的计算应作微分计算。

2.1.3 精馏原理

精馏是利用组分挥发度差异，同时进行多次部分汽化和部分冷凝的过程。精馏过程原理，可利用图2-4物系的t-x-y图来说明。将组成为x_F的混合液升温至泡点使其汽化，并将气相和液相分开，两相的组成分别为y_1和x_1，此时$y_1 > x_F > x_1$，气液两相流量由杠杆规则确定。若将组成为x_1的液相继续进行部分汽化，则可得到组成分别为y_2和x_2的气相及液相，如此将液体混合物进行多次部分汽化，在液相中可获得高纯度的难挥发组分。同时，将组成为y_1的气相混合物进行部分冷凝，则可获得组成为y_2的气相和组成为x_2的液相。继续将组成为y_3的气相和组成为x_3的液相，显然$y_3 > y_2 > y_1$。由此可见，气相混合物经多次部分冷凝后，在气相中可获得高纯度的易挥发组分。

上述分别进行液相的多次部分汽化和气相的多次部分冷凝过程，原理上可获得两组分高纯度的分离，但是因产生大量中间馏分而使所得产品量极少，收率很低，且设备庞大。工业上的精馏过程是在精馏塔内将部分汽化和部分冷凝过程有机耦合而进行操作的。

图2-5为连续精馏装置流程示意图。原料液自塔中部的适当位置连续加入塔内，塔顶冷

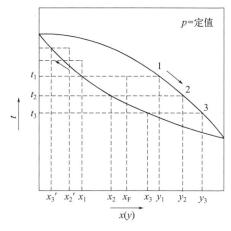

图2-4 多次部分汽化和冷凝的 t-x-y 图

凝器将上升的蒸气冷凝成液体，其中一部分作为塔顶产品（馏出液）取出，另一部分引入塔顶作为返回液。回流液通过溢流管降至相邻下层塔板上。

2.1.4 两组分连续精馏塔的计算

在加料口以上的各层塔板上，气相与液相密切接触，在浓度差和温度差的存在下（即传质、传热推动力），气相进行部分冷凝，使其中部分难挥发组分转入液相中；在气相冷凝时释放的冷凝潜热传给液相，使液相部分汽化，其中部分易挥发组分转入气相中。经过每层塔板后，总的结果是气相中易挥发组分的含量升高，液相中难挥发组分的含量升高。在塔的加料口以上，只要有足够多的塔板数，则离开塔顶的气相中易挥发组分可达到指定纯度。塔的底部装有再沸器（塔釜），加热液体产生的蒸气返回到塔底。蒸气沿塔上升，同样在每层塔板上气液两相进行传热和传质交换。同理，只要加料口以下有足够多的塔板层数，在塔底可得到高纯度的难挥发组分产品。每层塔板为一个气液接触单元，若离开某层塔板的气液两相在组成上达到平衡，则将这种塔板称为理论板。

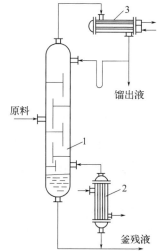

图2-5 连续精馏装置示意图
1—精馏塔；2—再沸器；
3—冷凝器

对塔内精馏操作分析可知，实现精馏分离操作，必须有足够层数塔板的精馏塔，有从塔顶引入回流和塔底上升的蒸气流，以建立气液两相体系。回流是精馏与普通蒸馏的本质区别。

精馏塔的计算需用到物料衡算、热量衡算、相平衡关系。

2.1.4.1 全塔物料衡算（塔顶、塔底产品量的确定）

对图2-6所示的精馏塔（即图中虚线圈部分）作全塔物料衡算，可得：

$$F = D + W \quad (2\text{-}15)$$

全塔轻组分物料衡算，可得：

$$Fx_F = Dx_D + Wx_W \quad (2\text{-}16)$$

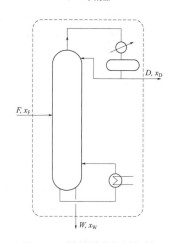

图2-6 精馏塔的物料衡算

式中，F 为进料量，kmol/h 或 kg/h；D 为塔顶产品量，kmol/h 或 kg/h；W 为塔底产品量，kmol/h 或 kg/h；x_F 为进料中轻组分的组成，摩尔分数或质量分数；x_D 为塔顶产品中轻组分的组成，摩尔分数或质量分数；x_W 为塔底产品中轻组分的组成，摩尔分数或质量分数。

由于设计时 F, x_F, x_D, x_W 均已知，产品量 D 和 W 可以联立式（2-15）和式（2-16）得到。

2.1.4.2 理论板数的计算

（1）精馏段的物料衡算——精馏段的操作线方程

① 精馏段物料衡算。相邻两层板间汽液两流组成间（相遇两流）的关系，可通过对塔顶至精馏段任意两层板间截面所作的物料衡算导出。

对图2-7中的虚线图作总物料衡算，可得：

$$V_{n+1} = L_n + D \tag{2-17}$$

易挥发组分的物料衡算方程为：

$$V_{n+1}y_{n+1} = L_n x_n + D x_D \tag{2-18}$$

或

$$y_{n+1} = \frac{L_n}{L_n + D} x_n + \frac{D}{L_n + D} x_D \tag{2-19}$$

式中，x_n 为离开 n 板液相中轻组分的摩尔分数；y_{n+1} 为离开 $n+1$ 板气相中轻组分的摩尔分数；L_n 为离开 n 板液相摩尔流量，kmol/h；V_{n+1} 为离开 $n+1$ 板气相摩尔流量，kmol/h。

② 恒摩尔流假定。

a. 恒摩尔汽化。假定在精馏塔的精馏段内，由每层塔板上升的气相摩尔流量都相等，在提馏段也是如此。即：

精馏段　$V_1 = V_2 = \cdots = V_n = V_{n+1} = V$ （2-20）

提馏段　$V_1' = V_2' = \cdots = V_n' = V_{n+1}' = V'$ （2-21）

式中，V 为精馏段每层塔板的气相摩尔流量，kmol/h；V' 为提馏段每层塔板的气相摩尔流量，kmol/h。精馏段和提馏段汽相摩尔流量不一定相等。

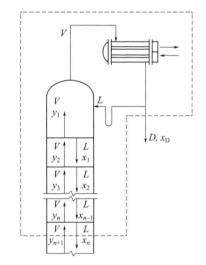

图2-7　精馏段的物料衡算

b. 恒摩尔液流。假定在精馏塔的精馏段内，由每层板下降的液相摩尔流量都相等，在提馏段也是如此。即：

$$L_1 = L_2 = \cdots = L_n = L_{n+1} = L \tag{2-22}$$

$$L_1' = L_2' = \cdots = L_n' = L_{n+1}' = L' \tag{2-23}$$

式中，L 为精馏段内液体的摩尔流量，kmol/h；L' 为提馏段内液体的摩尔流量，kmol/h。同样，精馏段和提馏段的液相摩尔流量不一定相等。

在恒摩尔流假定下，计算将大为简化。气、液相在塔板上接触时，如果有1mol蒸气冷凝就相应有1mol液体汽化，则气相、液相在接触后其摩尔流量将保持不变，恒摩尔流假定就可以成立。要实现上述情况需满足以下几个条件：

（a）组分的摩尔汽化潜热相同；

（b）气、液相接触时由于温度不同而传递的显热可以忽略；

（c）塔的保温性良好，热损失可以忽略。

③ 精馏段操作线方程。在恒摩尔流假定下，式（2-19）可以写成：

$$y_{n+1} = \frac{L}{V}x_n + \frac{D}{V}x_D \tag{2-24}$$

而

$$V = L + D \tag{2-25}$$

将式（2-24）代入式（2-25），并令 $R = L/D$，得：

$$y_{n+1} = \frac{R}{R+1}x_n + \frac{1}{R+1}x_D \tag{2-26}$$

式中，R 为回流比。它是精馏的重要参数。式（2-26）联立了精馏段回流比、产品组成等重要操作参数，故称为精馏段操作线方程。它表达了在一定的操作条件下，精馏段自第 n 层板下降的液相组成 x_n 和与之相邻的下一层板（即第 $n+1$ 层板）上升的气相组成 y_{n+1} 之间的关系。

（2）提馏段的物料衡算——提馏段的操作线方程

对图2-8所示的提馏段由塔底至第 m 与 $m+1$ 层板间截面分别作总物料衡算和轻组分物料衡算，并应用恒摩尔流假定可得：

总物料衡算

$$L' = V' + W \tag{2-27}$$

易挥发组分的物料衡算方程为：

$$L'x'_m = V'y'_{m+1} + Wx_W \tag{2-28}$$

式中，L' 为提馏段各板的液相流量，kmol/h；V' 为提馏段各板的气相流量，kmol/h；x'_m 为第 m 层塔板下降液相中轻组分的摩尔分数；y'_{m+1} 为第 $m+1$ 层板上升气相中轻组分的摩尔分数。

将式（2-27）代入式（2-28），消去 V'，可得：

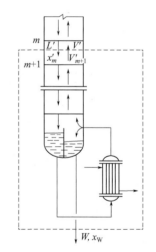

图2-8 提馏段的物料平衡

$$y'_{m+1} = \frac{L'}{L'-W}x'_m - \frac{W}{L'-W}x_W \tag{2-29}$$

式（2-29）为提馏段操作线方程。它表达了在一定操作条件下提馏段内自第 m 层塔板下降的液相组成 x'_m 与其相邻的下层板上升的气相组成 y'_{m+1} 的关系。

要应用提馏段操作线方程式，必须先计算出 L'，它不仅与精馏段回流量 L 有关，还与进料流量及其热状况有关。

（3）进料段的物料衡算

精馏段与提馏段的气相和液相流量是通过进料联系在一起的，进料段的物料衡算示意图如图2-9所示。

① 气、液混合物进料，进料的液相分率为q，$0<q<1$。

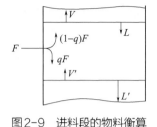

图2-9 进料段的物料衡算

原料进塔后，气相部分与提馏段上升的气相汇合进入精馏段，原料中液相部分与精馏段液相汇合进入提馏段。此时

$$L' = L + qF \tag{2-30}$$

$$V = V' + (1-q)F \tag{2-31}$$

② 饱和液体进料，$q = 1$，此时

$$L' = L + qF = L + F \tag{2-32}$$

$$V = V' + (1-q)F = V' \tag{2-33}$$

③ 饱和蒸汽进料，$q = 0$，此时

$$L' = L + qF = L \tag{2-34}$$

$$V = V' + (1-q)F = V' + F \tag{2-35}$$

④ 过冷液体进料，$q > 1$，此时

$$L' = L + qF \tag{2-36}$$

$$V = V' + (1-q)F \tag{2-37}$$

q值为进料热状况参数，推导如下。

进料段作总物料衡算可得：

$$F + V' + L = V + L' \tag{2-38}$$

对进料段作热量衡算得：

$$FH_F + V'H'_V + LH_L = VH_V + L'H'_L \tag{2-39}$$

式中，H_F为原料液的焓，J/mol；H_V，H'_V分别为进料板上、下处的饱和气相的焓，J/mol；H_L，H'_L分别为进料板上、下处的饱和液相的焓，J/mol。

由于相邻两层板的温度和浓度变化不大，故可认为：

$$H_V \approx H'_V, \quad H_L \approx H'_L \tag{2-40}$$

于是，式（2-39）可以写成：

$$FH_F + V'H_V + LH_L = VH_V + L'H_L \tag{2-41}$$

将式（2-38）代入上式消去V'并整理可得：

$$F(H_V - H_F) = (L' - L)(H_V - H_L) \tag{2-42}$$

即

$$\frac{L'-L}{F} = \frac{H_V - H_F}{H_V - H_L} \quad (2\text{-}43)$$

令

$$q = \frac{H_V - H_F}{H_V - H_L} \approx \frac{每摩尔进料汽化为饱和蒸气所需热量}{进料的摩尔汽化热} \quad (2\text{-}44)$$

当进料为气、液混合物时，设进料的液相分率为 q，对进料作热量衡算可得：

$$FH_F = qFH_L + (1-q)FH_V \quad (2\text{-}45)$$

整理得：

$$q = \frac{H_V - H_F}{H_V - H_L} \quad (2\text{-}46)$$

可见，当进料为气、液混合物时，进料热状况参数 q 即为进料的液相分率。

⑤ 过热蒸气进料，$q < 0$，此时

$$L' = L + qF \quad (2\text{-}47)$$

$$V = V' + (1-q)F \quad (2\text{-}48)$$

此种情况与过冷液体进料相反，当进料气相进入精馏段最下一层塔板时，气相温度必先降至其露点，然后才能与液相进行等摩尔冷凝和汽化，在由进料温度降到露点时，要放出热量，使与之相接触的液相额外汽化一部分。因此，自精馏段最下一块板上升的汽相量包括三个部分，即自提馏段上升的汽相量 V'、原料量以及将进料温度降至其露点温度所需额外汽化的量 ΔV。由于此额外汽化量，下降到提馏段的液相量比精馏段的少，即 $L' < L$。

（4）逐板计算法求理论板数

在得到精馏段和提馏段的操作线方程以后，可以交替使用操作线方程和相平衡关系来求得所需的理论板数。

若塔顶装设全冷凝器，则图2-7中 $y_1 = x_D$，由相平衡关系解出 x_1，将 x_1 代入式（2-19）可算出 y_2，由 y_2 通过相平衡关系又可算出 x_2，如此重复计算，直到组成与进料组成相近为止。对于饱和液相进料，如果算得 $x_n \leqslant x_F < x_{n-1}$，则说明第 n 层理论板是加料板，上述计算共使用过 $n-1$ 次相平衡关系，因此精馏段需要 $n-1$ 层理论板。此后，可改用提馏段操作线，图2-7中进入提馏段顶层板的液相组成近似为 x_{n-1}，由式（2-29）可算得 y_1'，再利用相平衡关系求出 x_1'，由 x_1' 利用式（2-29）求出 y_2'，如此重复计算，直到 $x_m' < x_W$ 为止。由于一般再沸器的分离能力相当于一层理论板，故提馏段所需的理论塔板数应为 $(n-1)$。

逐板计算法是求理论塔板数的基本方法之一，概念清晰，计算结果较准确，但该法比较烦琐，计算量较大。

（5）实际塔板数与精馏塔的效率

板式塔的效率有几种不同的定义：全塔效率、板效率和点效率。

① 全塔效率 E_T。为完成一定分离任务所需的理论板数 N_T 和实际板数 N 之比称为全塔效率。

$$E_T = \frac{N_T}{N} \tag{2-49}$$

在设计时为了确定所需的实际板数必须具有全塔效率的数据。此种数据或取自工厂的实际经验数据,或取自实验装置的试验数据。轻碳氢化合物的全塔效率一般为70%~90%。

当没有可靠的实验数据时,可根据一些经验关系来估算。对烃类精馏应用较多的是奥康奈尔(O'Connell)全塔效率曲线,如图2-10所示。

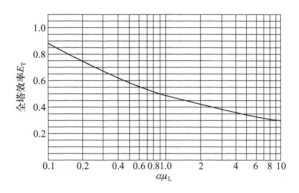

图2-10 全塔效率关联曲线

该曲线也可以公式表达:

$$E_T = 0.49(\alpha\mu_L)^{-0.245} \tag{2-50}$$

式中,μ_L为进料的液相黏度,mPa·s;α为进料中轻、重组分的相对挥发度。

运用该图测算E_T时,相对挥发度取塔顶、塔底算术平均值时的数据。进料的黏度则按各组分液相黏度的摩尔平均值计算:

$$\mu_L = \sum x_i \mu_{Li} \tag{2-51}$$

式中,x_i为进料中组分i的摩尔分数;μ_{Li}为组分i在全塔平均温度下的液相黏度,mPa·s。

图2-10原来是由泡罩塔的经验数据作出,但实验结果证明,不同结构的塔板其效率相差不大,但塔径却有相当大的影响。表2-1列出在不同的液流长度(指液体在塔板上流过的距离)下,图2-10中E_T读数应增加的比例。

表2-1 液流长度对全塔效率的影响

液流长度	E_T应增加的比例/%
0.9	0
1.2	10
1.5	15
1.8	20
2.5	23
3.0	25
4.5	27

② 板效率。板效率又称默弗里（Murphree）板效率。以气相组成表示的称为气相默弗里板效率E_{mV}，以液相组成表示的称为液相默弗里板效率E_{mL}，对同一层实际板两者的数值不同，见图2-11。以气相组成表示时：

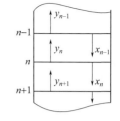

图2-11 板效率示意图

$$E_{mV} = \frac{y_n - y_{n+1}}{y_n^* - y_{n+1}} \qquad (2\text{-}52)$$

式中，E_{mV}为气相默弗里板效率；y_n，y_{n+1}为第n板和第$n+1$层塔板上升气相的组成，摩尔分数；y_n^*为与第n板下降液相呈平衡的气相组成，摩尔分数；下标n为自上而下数的塔板序号。

当用液相组成表示塔板效率时，定义为：

$$E_{mL} = \frac{x_{n-1} - x_n}{x_{n-1} - x_n^*} \qquad (2\text{-}53)$$

式中，E_{mL}为液相组成表示的默弗里板效率；X_n，y_{n-1}为第$n-1$板及第n板下降液相的组成，摩尔分数；x_n^*为与第n板上升的气相呈平衡的液相组成，摩尔分数。

③ 点效率。真正能够反映某一局部的传质情况的是该处的局部效率，称之为点效率。点效率可以表示为：

$$E_{OV} = \frac{y_n - y_{n+1}}{y_n^* - y_{n+1}} \qquad (2\text{-}54)$$

点效率表示了某一处的气、液相接触状况。

④ 塔板效率的影响因素。凡是影响气、液两相传质传热的因素均会对塔板效率有所影响。这些因素可以分为三大类。

a. 物系的性质。如相对挥发度、黏度、密度、表面张力、扩散系数等。相对挥发度影响传质推动力；黏度、密度影响板上流动情况；表面张力则与泡沫的生成、大小及稳定性有关；扩散系数影响传质系数。

b. 塔板结构。主要包括塔板的类型及塔板间距、塔高、堰高等。

c. 操作条件。主要指气相通过塔板上的孔道的速度、温度、压力、气液相流量等，其中气速的影响十分重要。

（6）精馏塔的热量衡算

① 全凝器的热量衡算。对图2-12中的虚线圈作热量衡算：

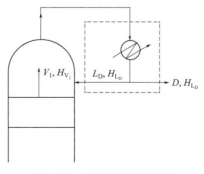

图2-12 全凝器的热量衡算

$$V_1 H_{V_1} = Q_C + L_D H_{L_D} + D H_{L_D} \tag{2-55}$$

由虚线圈的总物料衡算可得：

$$V_1 = L_D + D \tag{2-56}$$

$$Q_C = (L_D + D)(H_{V_1} - H_{L_D}) = (R+1)D(H_{V_1} - H_{L_D}) \tag{2-57}$$

② 部分冷凝器的热量衡算。对图2-13中的部分冷凝器作热量衡算可得：

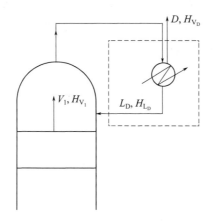

图2-13　部分冷凝器的热量衡算

$$Q'_C = V_1 H_{V_1}(L_D - H_{L_D} + D H_{V_D}) = (R+1)D H_{V_1}(R D H_{L_D} + D H_{L_D}) \tag{2-58}$$

式中，Q'_C为部分冷凝器的热负荷，kJ/h；V_1为由精馏塔顶层塔板上升的气相摩尔流量，kmol/h；H_{V_D}为离开部分冷凝器的气相产品的摩尔热焓，J/mol；H_{L_D}为由部分冷凝器流下的液相回流的摩尔热焓，J/mol。

③ 再沸器的热量衡算。对图2-14中的再沸器作热量衡算可得：

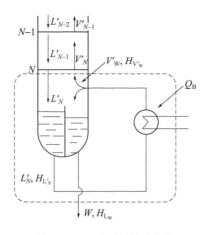

图2-14　再沸器的热量衡算

$$Q_B = V'_W H_{V_W} W H_{L_W} - L'_N H_{L'_N} \tag{2-59}$$

式中，Q_B为再沸器的热负荷，kJ/h；V'_W为由再沸器上升的气相摩尔流量，在恒摩尔流假定下即提馏段的气相量 V'，kmol/h；$H_{V'_W}$ 为气相 V'_W 的摩尔热焓，J/mol；L'_N 为由提馏段底层塔板流下的液相摩尔流量，kmol/h；$H_{L'_N}$ 为液相 L'_N 的摩尔热焓，J/mol；H_{L_W} 为塔底产品的摩尔热焓，J/mol。

若近似取 $H_{L_W} \approx H_{L'_N}$，则式（2-59）可简化为：

$$Q_B = V'_w(H_{V'_w} - H_{L_w}) \tag{2-60}$$

当冷凝器的热负荷 Q_C 已知时，再沸器的热负荷 Q_B 也可以由全塔热量衡算求出。

④ 全塔热量衡算。对图2-15中的精馏塔作全塔热量衡算可得：

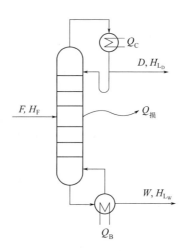

图2-15　精馏塔的全塔热量衡算

$$FH_F + Q_B = DH_{L_D} + WH_{L_W} + Q_C + Q_损 \tag{2-61}$$

式中，H_F 为进料的摩尔热焓，J/mol；$Q_损$ 为精馏塔的热量损失或冷量损失。

（7）主要操作因素分析

① 回流比 R 的影响及适宜回流比的选择。回流比是精馏塔操作中一项极其重要的参数，应加以重点讨论。精馏段操作线方程如下：

$$y_{n+1} = \frac{R}{R+1}x_n + \frac{1}{R+1}x_D = \frac{1}{1+\frac{1}{R}}x_n + \frac{1}{R+1}x_D \tag{2-62}$$

可以看出，当采用较高的回流比时，操作线的斜率将会增大，精馏段操作线的位置将下移，向对角线靠拢。

a. 全回流（$R=\infty$）。回流量增大的极限是将塔顶气相冷凝后全部送回顶层塔板作回流，称为全回流。这种情况下塔顶产品量 $D=0$，因此 $R=L/D=\infty$，此时精馏段操作线的斜率为：

$$\frac{1}{1+\frac{1}{R}} = 1 \tag{2-63}$$

即在 y-x 图上精馏段操作线将与对角线重合，当然提馏段也必然与对角线重合。因此全回流时对角线即代表全塔的操作线。精馏段操作线方程为 $y_{n+1} = x_n$，即全回流时相邻两层板间截面气、液二相的组成相等。

由图2-16可以看出，当$R=\infty$时，每层塔板的分离能力达到最大值（所画的梯级最大），因此所需理论板数最少。虽然全回流时每层塔板的分离能力最大，但是既不进料也不出产品，在正常生产上并不能采用，只是在开工或调整塔操作时作为临时性的操作手段。由于全回流时既无进料又不出产品，这就使实验室装置简单、操作简便，所以实验室测定一些有关精馏的数据也常在全回流的条件下作出，此外在一些计算方法中也常用到全回流时的理论板数作为重要计算参数。

全回流时所需的理论板数以N_{min}表示，N_{min}可在y-x图上图解求得，也可以由芬斯克（Fenske）公式计算得到。

b. 最小回流比。当回流比减小时，在y-x图上精馏段操作线的斜率将减小，即操作线向上移向相平衡曲线，提馏操作线也将上移，其斜率增大，为完成同一分离任务所需的理论板数将增多。当回流比减小到某一数值，此时两段操作线的交点恰好落在相平衡曲线上时，说明进料处相邻两塔板间的气、液两流处于相平衡状态，即y_{n+1}与x_n呈平衡。但是由理论板的概念，y_n与x_n也是呈平衡的，于是$y_n = y_{n+1}$，这就表明在进料处塔板的分离作用为零。在y-x图上进料处附近的梯级越来越小，以至于作图不可逾越该点。采用这样的回流比操作时理论上需要无穷多理论板，此时的回流比称为最小回流比，以R_{min}表示，显然$N_T = \infty$。在实际的精馏塔中只能采用有限的塔板数，因此最小回流比是一个极限值，实际采用的回流比必须大于最小回流比R_{min}。由图2-17中的几何关系可以导出最小回流比计算公式。由操作线斜率：

$$\frac{R_{min}}{R_{min}+1} = \frac{x_D - y_e}{x_D - x_e} \tag{2-64}$$

解得

$$R_{min} = \frac{x_D - y_e}{y_e - x_e} \tag{2-65}$$

式中，y_e为进料中平衡气、液两相轻组分的摩尔分数。

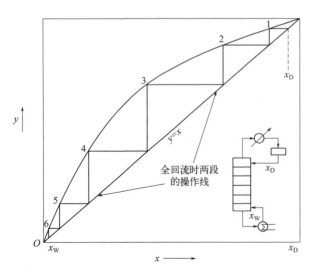

图2-16　全塔回流时所需理论塔板数示意图

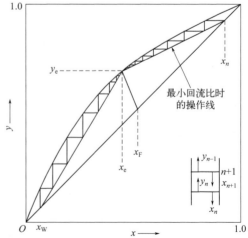

图2-17　最小回流比示意图

最小回流比的大小与相对挥发度、塔顶产品组成、进料组成及进料热状况有关。

对于相平衡曲线形状特殊的非理想溶液有时不能按式（2-64）计算，而必须根据具体的 y-x 曲线作切线求解，如图 2-18 所示。

c. 适宜回流比的选择。设计时的回流比取得大一些，需要的理论塔板数相对减少，塔体的建造费可能低一些。但是回流比大会导致塔内的气相量增大，使冷凝器和再沸器的热负荷增加、塔的操作费和附属设备的投资将因此增大。气相量增大后所需的塔径增大，投资可能增加。

回流比增大和塔板数的减少并不是简单的反比关系，当回流比稍许超过最小回流比时，塔板数 N 急剧减少，随着 R 的增加，其对 N 的影响就显著减弱，缓缓趋于全回流时的最少塔板数 N_{min}。

因此，回流比对设备费和操作费用都有影响，图 2-19 表示它们之间定性的关系。由图中可以看出，操作费用随回流比的增大接近正比增加，而设备费只稍许超过最小回流比时，由于所需塔板数剧减，因而下降很快。随着 R 的继续增大，由于塔板数减少的幅度减小，而塔径不断增大，附属设备费也增加，因此设备费下降平缓，待超过某一回流比后，设备费也将随回流比的增大而上升。

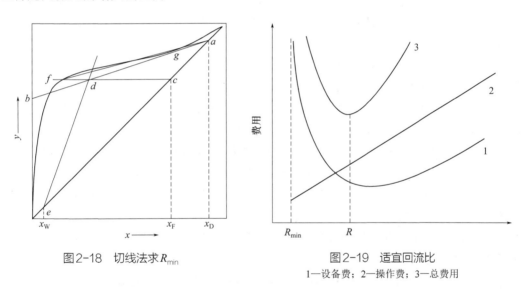

图 2-18　切线法求 R_{min}

图 2-19　适宜回流比
1—设备费；2—操作费；3—总费用

从技术经济的角度来看，适宜回流比应是操作费用与设备费用总和为最小时的回流比。在通常情况下，根据实际经验，此回流比约为 R_{min} 的 1.1～2.0 倍。

② 操作压力设计时产品组成是工艺条件要求决定的，不能随意改变，但是温度和压力却有相当宽的选择余地（组成已定，压力和温度中只能选定一项，因为自由度为2）。一般首先考虑在塔顶采用成本较低的水作冷却剂，在这种情况下可将产品冷却到45℃（此温度不可取得太低，因为必须保证塔顶冷凝器的传热温度差）以下。如果需要冷却到较低的温度，则需采用其他的制冷剂（如液氨等）。根据这个温度和塔顶产品组成便可以由泡点方程式求凝液的饱和蒸气压。

对低压下的二元理想溶液，可按式（2-66）计算：

$$p = p_A^0 x_A + p_B^0 (1-x_A) \tag{2-66}$$

如果求出 $p>101.3\text{kPa}$，表示要在加压下操作。当压力较高时采用 $K_Ax_A+K_B(1-x_A)=1$ 猜算压力，对多元物系则可采用 $\sum K_ix_i=1$ 求压力。如果由泡点方程式求出的压力 $p<101.3\text{kPa}$ 是否必须采用减压操作呢？在这种情况下一般先按常压操作考虑，只要在回流路上方接通大气便可使塔内保持常压操作。通大气后，因回流罐中的压力为常压，而凝液的饱和蒸气压低于 101.3kPa，所以凝液处于过冷状态。送回塔顶的回流是低于泡点的冷回流。

假如采用上述方法于常压下精馏时，精馏的温度过高，会造成化合物热分解，则需考虑在塔顶设置抽真空设备，采用减压操作。炼油厂的常压重油在减压下进行蒸馏以及石油化工厂糠醛、酚、高级醇、醚的减压精馏再生均属于此类。

当精馏在加压下进行时，如果计算出的泡点压力高于1.48MPa则应考虑采用部分冷凝器以降低操作压力。如果泡点压力高于2.52MPa则应考虑采用制冷剂，以免一方面因操作压力过高提高设备和操作费用，另一方面因温度过高被加工的物料热分解或高于物料的临界压力。

③ 进料热状况。当进料及产品组成已定时，进料热状况对所需的理论板总数一般影响不大，但是对塔板在精馏段和提馏段中的分配比例却有明显的影响。q 值减小时，精馏段所需板数增多，提馏段所需板数减少，适宜的进料位置将下移；q 值增大时，情况则相反。

进料热状况对再沸器和冷凝器的热负荷也有影响。q 值减小时，精馏所需的最小回流 $R_{\min}$ 将增大，也就是操作回流比要增大，因此冷凝器的热负荷需要增加。

当回流比一定时，进料 q 值减小，可使再沸器热负荷 Q_B 减小，但由于进料加热汽化所消耗的热量相应地增加，因此总热量消耗变化并不大。

④ 现成塔的操作分析。在设计条件下进行的精馏塔的分析和计算，即进料流量、产品组成已定，而塔板数、进料位置、冷凝器和再沸器的传热面积是待定的。对于现场操作的精馏塔，塔板数、进料位置、冷凝器和再沸器的传热面积已定，但进料流量和组成、产品的流量和组成均可能变动。

现成塔调节操作的目的是要使塔顶和塔底产品的质量达到设计要求，下面列举几种操作中常遇到的情况。

a. 塔顶、塔底产品均不合格。此时塔顶产品中轻组分浓度偏低，而塔底产品中轻组分浓度偏高，使塔顶温度上升，塔底温度下降。为了使塔顶、塔底产品重新达到合格，必须提高精馏段和提馏段塔板的分离能力，最方便的方法是增大回流比，使每层塔板分离能力加强，因两段的塔板数未变、因此塔顶产品的组成将上升，塔底产品的组成则下降，产品的质量得到提高。但由于回流比增大，冷凝器和再沸器的热负荷均将上升，需作相应的调节。

b. 塔顶产品不合格，塔底产品超过分离要求。这种情况说明精馏段的分离效果不能满足要求，而提馏段的分离能力则过大。如果仍采用提高回流比的方法，虽然也能使塔顶产品质量提高，但是并不经济。这时可以考虑将进料位置下移，使精馏段的板数适当增加，提馏段的板数减少。如调节进料位置后塔顶产品仍不合格，则仍需增大回流比。

c. 塔顶回流量控制一定，增大再沸器汽化量对塔操作的影响。再沸器汽化量增大后，提馏段的汽相量 V' 将增大，但由于精馏段的液相量 L 不变，所以提馏段的液相量 L'

也不变，于是在 y-x 图上提馏段操作线的斜率 L'/V' 将减小，位置向对角线移动，所画的梯级变大，由于提馏段的塔板数未变，因此塔底产品中轻组分的浓度 x_w 将降低，塔底产品量也降低。

再沸器汽化量增大后，由于提馏段的汽相量 V' 随之增大，由 $V=V'+F(1-q)$ 可知，V 也会增大。由于塔顶回流量 L 控制不变，由 $D=V-L$ 可知，D 将增加，由 $R=L/D$ 可知 R 将减小，使精馏段的分离效果变差，导致塔顶产品中轻组分浓度 x_D 下降，塔顶温度升高。

2.1.5 精馏塔工作原理

精馏过程的主要设备有：精馏塔、再沸器、冷凝器、回流罐和输送设备等。精馏塔以进料板为界，上部为精馏段，下部为提馏段。一定温度和压力的料液进入精馏塔后，轻组分在精馏段逐渐浓缩，离开塔顶后全部冷凝进入回流罐，一部分作为塔顶产品（也叫馏出液），另一部分被送入塔内作为回流液。回流液的目的是补充塔板上的轻组分，使塔板上的液体组成保持稳定，保证精馏操作连续稳定地进行。而重组分在提馏段中浓缩后，一部分作为塔釜产品（也叫残液），一部分则经再沸器加热后送回塔中，为精馏操作提供一定量连续上升的蒸气气流。

2.2 精馏塔仿真单元工艺流程说明

精馏塔单元仿真操作是利用精馏方法，在脱丁烷塔中将丁烷从脱丙烷塔釜混合物中分离出来。精馏是将液体混合物部分汽化，利用其中各组分相对挥发度的不同，通过液相和气相间的质量传递来实现对混合物分离。本装置中将脱丙烷塔釜混合物部分汽化，由于丁烷的沸点较低，即其挥发度较高，故丁烷易于从液相中汽化出来，再将汽化的蒸气冷凝，可得到丁烷组成高于原料的混合物，经过多次汽化冷凝，即可达到分离混合物中丁烷的目的。

原料为67.8℃脱丙烷塔的釜液（主要有 C_4、C_5、C_6、C_7 等），由脱丁烷塔（DA405）的第16块板进料（全塔共32块板），进料量由流量控制器FIC101控制。灵敏板温度由调节器TC101通过调节再沸器加热蒸气的流量，来控制提馏段灵敏板温度，从而控制丁烷的分离质量。

脱丁烷塔塔釜液（主要为 C_5 以上馏分）一部分作为产品采出，一部分经再沸器（EA418A、B）部分汽化为蒸气从塔底上升。塔釜的液位和塔釜产品采出量由LC101和FC102组成的串级控制器控制。再沸器采用低压蒸气加热。塔釜蒸气缓冲罐（FA414）液位由液位控制器LC102调节底部采出量控制。

塔顶的上升蒸气（C_4 馏分和少量 C_5 馏分）经塔顶冷凝器（EA419）全部冷凝成液体，该冷凝液靠位差流入回流罐（FA408）。塔顶压力PC102采用分程控制：在正常的压力波动下，通过调节塔顶冷凝器的冷却水量来调节压力，当压力超高时，压力报警系统发出报警信号，PC102调节塔顶至回流罐的排气量来控制塔顶压力调节气相出料。操作压力[4.25atm（表压）]，高压控制器PC101将调节回流罐的气相排放量，来控制塔内压力稳定。冷凝器以冷却水为载热体。回流罐液位由液位控制器LC103调节塔顶产品采出量来维持恒定。回流罐中的液体一部分作为塔顶产品送往下一工序，另一部分液体由回流泵（GA412A、B）送回塔顶作为回流，回流量由流量控制器FC104控制。

2.3 冷态开车操作

装置冷态开工状态为精馏塔单元处于常温、常压氮吹扫完毕后的氮封状态，所有阀门、机泵处于关停状态。

(1) 进料

① 开 FA408 顶放空阀 PC101 排放不凝气（开度大于5%），稍开 FIC101 调节阀（不超过20%），向精馏塔进料。

② 进料后，塔内温度略升，压力升高。当压力 PC101 升至 0.5atm 时，关闭 PC101 调节阀投自动，并控制塔压不超过 4.25atm（如果塔内压力大幅波动，改回手动调节稳定压力）。

注意：排不凝气、进料和关闭放空阀的顺序。此外，为了减少时间，可将进料阀（FIC101）开度增加到100%，但同时应关注塔顶压力变化，如果塔压过高（接近6atm）时，应及时"手动"调节"排空"阀 PV101（PIC101）开度，避免塔压超过6atm。

(2) 启动再沸器

① 当压力 PC101 升至 0.5atm 时，打开冷凝水 PC102 调节阀至 50%；塔压基本稳定在 4.25atm 后，可加大塔进料（FIC101 开至 50% 左右）。

② 待塔釜液位 LC101 升至 20% 以上时，开加热蒸气入口阀 V13，再稍开 TC101 调节阀，给再沸器缓慢加热，并调节 TC101 阀开度使塔釜液位 LC101 维持在 40%~60%。待 FA414 液位 LC102 升至 50% 时，并投自动，设定值为 50%。

注意：加热时可打开加热蒸气入口阀 V16，这会使加热速度提高；另外还要特别注意 FA-414 液位的液位是否超标，加热过快（TV101 阀门开度增大的速度较快），大量蒸气冷却成水，所以罐内的液位将迅速上升。

(3) 建立回流

条件是回流罐的液位大于 20%、釜液和灵敏板的温度大于 60℃。随着塔进料增加和再沸器、冷凝器投用，塔压会有所升高，回流罐逐渐积液。

① 塔压升高时，通过开大 PC102 的输出，改变塔顶冷凝器冷却水量和旁路量来控制塔压稳定。

注意：PIC101 在投自动时，SP 设置为 4.25atm，但是它与 PIC102 的控制作用时间相同，达不到"安全阀"的控制作用，因此需及时将 PIC101 的 SP 从 4.25atm 设置为 5.00atm。

② 当回流罐液位 LC103 升至 20% 以上时，先开回流泵 GA412A、B 的入口阀 V19，然后启动泵，再开出口阀 V17，启动回流泵。

③ 通过 FC104 的阀开度控制回流量，维持回流罐液位不超高，全回流操作。

(4) 调整至正常

① 当各项操作指标趋近正常值时，打开进料阀 FIC101。

② 逐步调整进料量 FIC101 至正常值。

③ 通过 TC101 调节再沸器加热量，使灵敏板温度 TC101 达到正常值。

注意：升温速度控制，升温速度过快造成塔顶压力过高（首先将 PV102B 阀关闭，PV102A 阀打开进行降温降压。压力过高则手动将 PV101 阀打开直接降压），同时 FA414 的液位也将超标。但有时 TV101 阀门开度为 100% 时，塔釜和灵敏板的升温速度还是较慢，这时主要原因是塔釜的液位较高，釜内液体体积较多，升温所需要的热量较大，所以其升温速度比釜液液位较低时要慢得多。

④ 逐步调整回流量FC104至正常值。

⑤ 开FC103和FC102出料，注意塔釜、回流罐的液位。

⑥ 将各控制回路投自动，各参数稳定并与工艺设计值吻合后，投产品采出串级。

（5）总结

因精馏塔控制单元包含了离心泵、换热器和液位控制等单元操作，所以它是一个非常重要的操作单元。

① 蒸气加热是整个精馏塔的动力源，如果灵敏板上的温度不稳定，塔内的温度和压力将发生变化，气液两相平衡就被打破。所以第一步要稳定灵敏板温度（89.3℃）。

② 精馏塔中塔顶与塔釜的物料分配。我们发现塔温度上升→塔顶压力上升→塔顶冷却剂流量加大→回流罐内液位上升，同时塔釜液正在下降；但塔压力超高时，压力报警系统发出报警信号，PC102调节塔顶至回流罐的排气量来控制塔顶压力调节气相出料，这时回流罐内的液位也开始迅速下降，这是因为物料被放空了。反之如果塔温度下降则会导致塔釜内的液位上升而回流罐内液位下降。另外回流量的变化和进料的流量变化都会导致塔的温度发生变化。

③ 塔的参数调节。

第一步，稳定塔的温度：操作是稳定回流量、进料流量；

第二步，稳定塔的压力：操作是将PIC201和PIC102都投自动；但是塔压力波动较大时，一般是将PIC101转换为手动，来调节塔的压力；只有压力稳定后才能稳定回流罐和塔釜的液位；

第三步，稳定塔釜和回流罐内的液位：因为有串级控制系统，所以通过流量调节液位大小，再稳定流量，最后投入串级控制［此处串级的目的是，塔压力发生变化时，会影响塔釜的流量，从而影响塔釜液位，所以做成了流量——液位串级控制系统，就是将塔压力发生变化的干扰让副回路（FIC102）迅速消除干扰，实现塔釜液位快速稳定］。

在考核过程中，经常出现所有操作都是基本正常，但结果却只能得到60分左右，这种现象主要是操作的第四步"调整至正常"的条件是回流罐的液位一定要大于30%。如果没有达到就进行后续操作，当液位达到30%以上后这些操作是不得分的。

2.4 正常操作

（1）正常工况下的工艺参数

① 进料流量FIC101设为自动，设定值为14056kg/h。

② 塔釜采出量FC102设为串级，设定值为7349kg/h，LC101设自动，设定值为50%。

③ 塔顶采出量FC103设为串级，设定值为6707kg/h。

④ 塔顶回流量FC104设为自动，设定值为9664kg/h。

⑤ 塔顶压力PC102设为自动，设定值为4.25atm，PC101设自动，设定值为5.0atm。

⑥ FA414液位LC102设为自动，设定值为50%。

⑦ 回流罐液位LC103设为自动，设定值为50%。

（2）主要工艺生产指标的调整方法

① 质量调节。本系统的质量调节采用以提馏段灵敏板温度作为主参数，以再沸器和加

热蒸气流量的调节系统，以实现对塔的分离质量控制。

② 压力控制。在正常的压力情况下，由塔顶冷凝器的冷却水量来调节压力，当压力高于操作压力4.25atm（表压）时，压力报警系统发出报警信号，同时调节器PC101将调节回流罐的气相出料，为了保持同气相出料的相对平衡，该系统采用压力分程调节。

③ 液位调节。塔釜液位由调节塔釜的产品采出量来维持恒定。设有高低液位报警。回流罐液位由调节塔顶产品采出量来维持恒定。设有高低液位报警。

④ 流量调节。进料量和回流量都采用单回路的流量控制；再沸器加热介质流量，由灵敏板温度调节。

2.5 正常停车操作

（1）降负荷

① 逐步关小FIC101调节阀，降低进料量至正常进料量的70%。（阀门开度一般设置为35%，应注意其流量的质量评分，它是有延时60s的评分）

② 在降负荷过程中，保持灵敏板温度TC101的稳定性和塔压PC102的稳定，使精馏塔分离出合格产品。

③ 在降负荷过程中，尽量通过FC103排出回流罐中的液体产品，至回流罐液位LC104在20%左右。（可以将离心泵入口和出口阀开度设置为100%，也可将备用泵也打开，加速泄液）

④ 在降负荷过程中，尽量通过FC102排出塔釜产品，使LC101降至30%左右。（应将旁路阀也打开）

在此过程中有进料流量、塔灵敏板温度和塔顶压力三个质量评价，其中最难控制的是温度质量评价，要求是开始15s后进行评分，直到灵敏板温度降到50℃后才评分结束。这个过程一般只能得到部分分数。但是可以将温度控制器始终保持在自动状态，如果温度波动过大可以通过调节蒸汽阀V13来调节灵敏板温度，这样等到回流罐内液位降至17%以下，可将进料关闭，灵敏板温度将自动降至50℃以下，同时温度质量评分结束。得分为30分满分。

（2）停进料和再沸器

在负荷降至正常的70%，且产品已大部采出后，停进料和再沸器。

① 关FIC101调节阀，停精馏塔进料。

② 关TC101调节阀和V13或V16阀，停再沸器的加热蒸气。

③ 关FC102调节阀和FC103调节阀，停止产品采出。

④ 打开塔釜泄液阀V10，排不合格产品，并控制塔釜降低液位。

⑤ 手动打开LC102调节阀，对FA114泄液。（应提前将LV102阀门打开，特别是将V13关闭后，因罐内空气为负压，所以罐内的冷凝水排出速度很慢，只有打开V13阀门才能加速排放罐内的冷凝水。但是TC101调节阀已关闭，此时再打开V13阀门时，会发现塔灵敏板温度上升很快，并超出50℃。）

（3）停回流

① 停进料和再沸器后，回流罐中的液体全部通过回流泵打入塔，以降低塔内温度。

② 当回流罐液位为0时，关FC104调节阀，关泵出口阀V17（或V18），停泵GA412A（或GA412B），关入口阀V19（或V20），停回流。

③ 开泄液阀V10排净塔内液体。

(4) 降压、降温

① 打开 PC101 调节阀,将塔压降至接近常压后,关 PC101 调节阀。

② 全塔温度降至 50℃ 左右时,关塔顶冷凝器的冷却水(PC102 的输出至 0)。

2.6 事故处理仿真操作

(1) 热蒸气压力过高

原因:热蒸气压力过高。

现象:加热蒸气的流量增大,塔釜温度持续上升。

处理:适当减小 TC101 的阀门开度。

(2) 热蒸气压力过低

原因:热蒸气压力过低。

现象:加热蒸气的流量减小,塔釜温度持续下降。

处理:适当增大 TC101 的开度。

(3) 冷凝水中断

原因:停冷凝水。

现象:塔顶温度上升,塔顶压力升高。

处理:

① 开回流罐放空阀 PC101 保压。

② 手动关闭 FC101,停止进料。

③ 手动关闭 TC101,停加热蒸气。

④ 手动关闭 FC103 和 FC102,停止产品采出。

⑤ 开塔釜排液阀 V10,排不合格产品。

⑥ 手动打开 LIC102,对 FA114 泄液。

⑦ 当回流罐液位为 0 时,关闭 FIC104。

⑧ 关闭回流泵出口阀 V17/V18。

⑨ 关闭回流泵 GA424A 或 GA424B。

⑩ 关闭回流泵入口阀 V19 或 V20。

⑪ 待塔釜液位为 0 时,关闭泄液阀 V10。

⑫ 待塔顶压力降为常压后,关闭冷凝器。

(4) 停电

原因:停电。

现象:回流泵 GA412A 停止,回流中断。

处理:

① 手动开回流罐放空阀 PC101 泄压。

② 手动关进料阀 FIC101。

③ 手动关出料阀 FC102 和 FC103。

④ 手动关加热蒸汽阀 TC101。

⑤ 开塔釜排液阀 V10 和回流罐泄液阀 V23,排不合格产品。

⑥ 手动打开 LIC102,对 FA114 泄液。

⑦ 当回流罐液位为0时，关闭V23。
⑧ 关闭回流泵出口阀V17或V18。
⑨ 关闭回流泵GA424A或GA424B。
⑩ 关闭回流泵入口阀V19或V20。
⑪ 待塔釜液位为0时，关闭泄液阀V10。
⑫ 待塔顶压力降为常压后，关闭冷凝器。

（5）回流泵故障

原因：回流泵GA412A泵坏。

现象：GA412A断电，回流中断，塔顶压力、温度上升。

处理：

① 开备用泵入口阀V20。
② 启动备用泵GA412B。
③ 开备用泵出口阀V18。
④ 关闭运行泵出口阀V17。
⑤ 停运行泵GA412A。
⑥ 关闭运行泵入口阀V19。

（6）回流控制阀FC104阀卡

原因：回流控制阀FC104阀卡。

现象：回流量减小，塔顶温度上升，压力增大。

处理：打开旁路阀V14，保持回流。

2.7 仿真界面图

精馏塔的仿真界面现场图和DCS图如图2-20和图2-21所示。

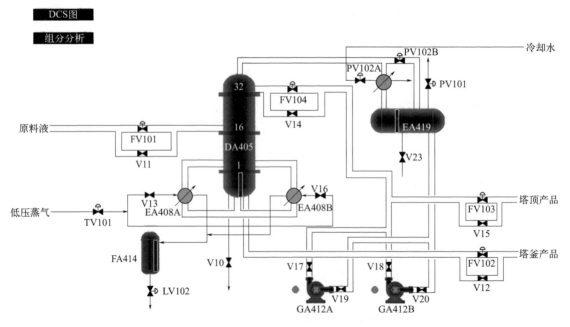

图2-20 仿真界面——精馏塔现场图

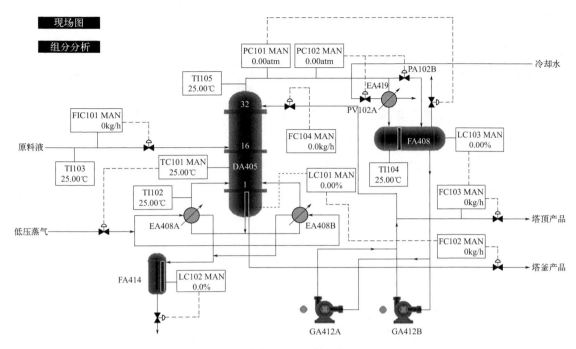

图 2-21 仿真界面——精馏塔 DCS 图

2.8 仪表和控制指标

精馏塔单元装置仪表及报警一览表见表 2-2。

表 2-2 精馏塔单元装置仪表及报警一览表

位号	说明	类型	正常值	量程高限	量程低限	工程单位
FIC101	塔进料量控制	PID	14056.0	28000.0	0.0	kg/h
FC102	塔釜采出量控制	PID	7349.0	14698.0	0.0	kg/h
FC103	塔顶采出量控制	PID	6707.0	13414.0	0.0	kg/h
FC104	塔顶回流量控制	PID	9664.0	19000.0	0.0	kg/h
PC101	塔顶压力控制	PID	4.25	8.5	0.0	atm
PC102	塔顶压力控制	PID	4.25	8.5	0.0	atm
TC101	灵敏板温度控制	PID	89.3	190.0	0.0	℃
LC101	塔釜液位控制	PID	50.0	100.0	0.0	%
LC102	塔釜蒸气缓冲罐液位控制	PID	50.0	100.0	0.0	%
LC103	塔顶回流罐液位控制	PID	50.0	100.0	0.0	%
TI102	塔釜温度	AI	109.3	200.0	0.0	℃
TI103	进料温度	AI	67.8	100.0	0.0	℃
TI104	回流温度	AI	39.1	100.0	0.0	℃
TI105	塔顶气温度	AI	46.5	100.0	0.0	℃

【思考题】

1. 什么叫蒸馏？在化工生产中分离什么样的混合物？蒸馏和精馏的关系是什么？

2. 精馏的主要设备有哪些？

3. 本单元装置，如果塔顶温度、压力都超过标准，可以用哪些方法将系统调节稳定？

4. 当系统在较高负荷突然出现大的波动、不稳定，为什么要将系统降到低负荷的稳态，再重新开到高负荷？

5. 回流比的作用是什么？

6. 若精馏塔灵敏板温度过高或过低，意味着分离效果如何？应通过改变哪些变量来调节至正常？

7. 请分析本流程中如何通过分程控制来调节精馏塔正常操作压力？

8. 根据本单元的实际情况，理解串级控制的工作原理和操作方法。

项目 3
乙醇精馏实训装置操作

项目导入

在熟悉乙醇精馏装置和经过精馏塔仿真训练,并全面掌握精馏操作技能后,进行乙醇精馏装置实训。通过模拟真实的工作场景,在实践中学习精馏装置的操作流程,掌握相关设备的使用方法,培养团队合作能力,从而提高实践能力和操作水平。

项目概述

本项目包括乙醇精馏塔开车前的准备、精馏塔的开车、正常运行、停车等实训任务。按照化工实际生产的任务要求,从质量指标(产品纯度)、产品产量和能量消耗三个方面进行优化操作,保证精馏塔稳定连续操作,并保证设备的正常与安全运行。

任务 1 开车前准备

任务描述

开车前准备工作,包括劳保服装准备、原料准备、掌握精馏装置的构成、物料流程及操作控制点(阀门)、熟悉操作规程。做好以上准备工作,为开车做好准备。

任务实施

确定好主操和副操岗位操作员,并严格按照安全操作规程协作操控装置,确保装置安全运行。

进行安全规定、装置工艺流程和操作规程考核,考核合格后方可进行实训装置操作。

进入精馏实训现场,统一着工作服、戴安全帽,禁止穿钉子鞋和高跟鞋,禁止携带火柴、打火机等火种和禁止携带手机等易产生静电的物体,严禁在实训现场抽烟。

准备精馏原料为 $[(10\sim15)\pm0.2]\%$(质量分数)的乙醇水溶液(室温);在原料

罐中加入原料至要求的刻度；将原料预热器预热并清空、精馏塔塔体已全回流预热，其他管路系统尽可能清空。

 任务考核

对劳保穿戴、安全规定、装置工艺流程、操作规程进行考核打分；对装置预热操作进行打分。

任务2　精馏装置开车、正常运行和停车操作

任务描述

以乙醇-水溶液为工作介质，在规定时间（一般为90min）内，在精馏实训装置上完成精馏操作全过程。

 任务实施

在规定时间内完成开车准备、开车、总控操作和停车操作，操作方式为手动操作（即现场操作及在DCS界面上进行手动控制），并适时投自动控制维持一段时间。

控制再沸器液位、进料温度、塔顶压力、塔压差、回流量、采出量、产品温度等工艺参数，维持精馏操作正常运行。

正确判断运行状态，分析不正常现象的原因，采取相应措施，排除干扰，恢复正常运行。

优化操作控制，合理控制产能、质量、消耗等指标。

若突遇停电、停水等突发事件，应采取紧急停车操作，冷静处置，并按要求及时启动实训现场突发事件应急处理预案。

考核操作所得产品产量、产品质量（浓度）、生产消耗（水电消耗）、规范操作及安全与文明生产状况。满分100分。要求先制订合适的小组实施方案，然后进行操作，完成工作任务。

任务考核

对操作过程进行全程考核，并填写精馏操作评分表。考核项目由三部分组成：精馏操作技术指标（70%）、规范操作（20%）和安全与文明操作（10%）。其中，精馏操作技术指标得分由计算机根据工艺指标的合理性、装置稳定时间、产品产量、产品质量、原材料消耗等内容自动评分。当实验结束时，按下实验结束键，系统自动停止对各个实时指标的考核，计算得出精馏操作技术指标的得分。可根据实际情况适当修改。水、电、原料、产品量的记录表和操作记录表见表3-1和表3-2。

表3-1 水、电、原料、产品量记录表

项目	初始值	最终值	项目	初始值	最终值	用量(或产量)
水表/m³			原料/cm			cm
电表/kW·h			产品量/kg			kg

日期：　　年　　月　　日

表3-2 操作记录表

精馏操作工艺记录卡
工号：　　　　　　　装置号：　　　　　　　回流SV值：
原料罐初液位（L_1）：　　　　原料罐终液位（L_2）：　　　　原料消耗量：（计算公式：$(L_1-L_2) \times 0.304=$　　　　）
水表初读数（V_1）：　　　m³　　水表终读数（V_2）：　　　m³　　水消耗量：（计算公式：$V_1-V_2=$　　　　）
电表初读数（A_1）：　　　kW·h　　电表终读数（A_2）：　　　kW·h　　电消耗量：（计算公式：$A_1-A_2=$　　　　）

时间	进料系统			塔系统						回流系统			功率		冷凝系统		
序号	进料流量/(L/h)	预热器现场温度/℃	预热器出口温度/℃	再沸器液位/mm	再沸器温度/℃	第十块塔板温度/℃	第十二块塔板温度/℃	塔釜压力/kPa	塔顶压/kPa	塔顶温度/℃	产品温度/℃	回流温度/℃	回流流量/(L/h)	产品流量/(L/h)	再沸器	预热器	冷凝水/(L/h)	下水温度/℃	缓冲罐温度/℃
每8min一次																		
1																		
2																		
3																		
4																		
5																		
6																		
7																		
8																		

开始考核时间
开始加热时间
全回流时间
部分全回流时间

项目3　乙醇精馏实训装置操作

续表

时间	进料系统				塔系统							回流系统			功率		冷凝系统		
每8min一次	进料流量/(L/h)	预热器现场温度/℃	预热器出口温度/℃	再沸器液位/mm	再沸器温度/℃	第十块塔板温度/℃	第十二块塔板温度/℃	塔釜压力/kPa	塔顶压/kPa	塔顶温度/℃	产品温度/℃	回流温度/℃	回流流量/(L/h)	产品流量/(L/h)	再沸器	预热器	冷凝水/(L/h)	下水温度/℃	缓冲罐温度/℃
序号																			
9																			
10																			
11																			
12																			
13																			
投自动时间 14																			
15																			
考核结束时间 16																			
第一次排残酒时间																			

指标项	稳定时间	浓度项	水耗项	电耗项	原料消耗项	产量项	总分

【相关知识】

3.1 乙醇精馏实训装置操作规程

乙醇精馏实训装置包含常压精馏和真空精馏两个过程，工艺流程如图3-1所示。

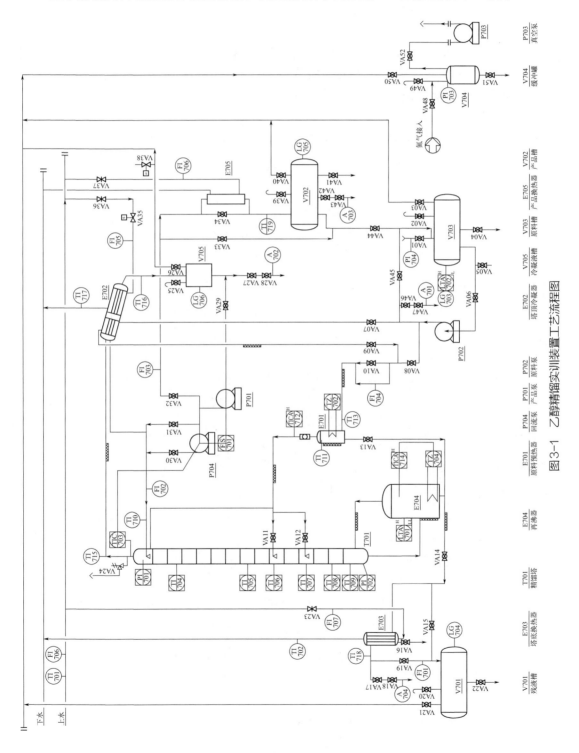

图3-1 乙醇精馏实训装置工艺流程图

（1）常压精馏流程

原料槽V703内约20%的水-乙醇混合液，经原料泵P702输送至原料预热器E701，预热后，由精馏塔中部进入精馏塔T701，进行分离，气相由塔顶馏出，经冷凝器E702冷却后，进入冷凝液槽V705，经产品泵P701，一部分送至精馏塔上部第一块塔板作回流用；一部分送至塔顶产品槽V702作产品采出。塔釜残液经塔底换热器E703冷却后送到残液槽V701，也可不经换热，直接到残液槽V701。

（2）真空精馏流程

本装置配置了真空流程，主物料流程为常压精馏流程。在原料槽V703、冷凝液槽V705、产品槽V702、残液槽V701均设置抽真空阀，被抽出的系统物料气体经真空总管进入真空缓冲罐V704，然后由真空泵P703抽出放空。

（3）装置布置示意图

① 立面图。乙醇精馏实训装置的立面示意如图3-2所示。

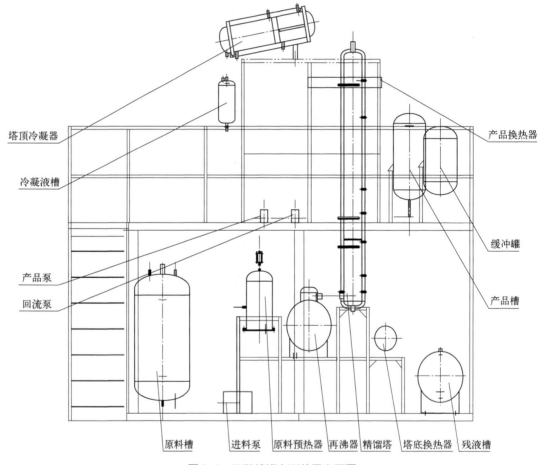

图3-2 乙醇精馏实训装置立面图

② 一层结构图。乙醇精馏实训装置的一层结构示意如图3-3所示。

③ 二层结构图。乙醇精馏实训装置的二层结构示意如图3-4所示。

（4）设备一览表

① 静设备一览表。实训装置的静设备见表3-3。

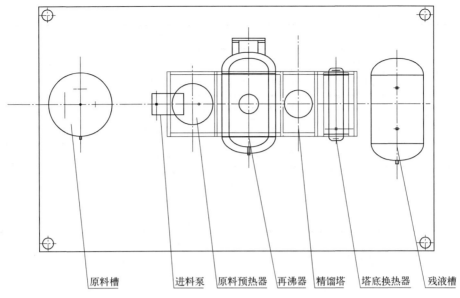

图3-3　乙醇精馏实训装置一层结构图

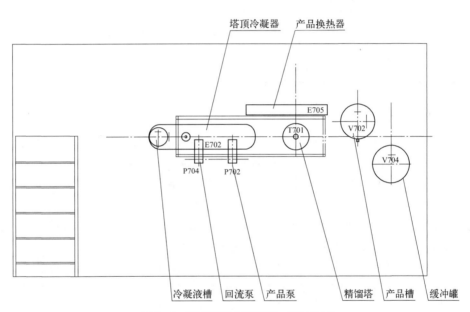

图3-4　乙醇精馏实训装置二层结构图

表3-3　静设备一览表

编号	名称	规格型号	数量
1	塔底产品槽	不锈钢（牌号SUS304，下同），$\phi 529mm \times 1160mm$，$V=200L$	1
2	塔顶产品槽	不锈钢，$\phi 377mm \times 900mm$，$V=90L$	1
3	原料槽	不锈钢，$\phi 630mm \times 1200mm$，$V=340L$	1
4	真空缓冲罐	不锈钢，$\phi 400mm \times 800mm$，$V=90L$	1
5	冷凝液槽	不锈钢，$\phi 200mm \times 450mm$，$V=16L$	1
6	原料加热器	不锈钢，$\phi 426mm \times 640mm$，$V=46L$，$P=9kW$	1

续表

编号	名称	规格型号	数量
7	塔顶冷凝器	不锈钢，$\phi 370mm \times 1100mm$，$F=2.2m^2$	1
8	再沸器	不锈钢，$\phi 528mm \times 1100mm$，$P=21kW$	1
9	塔底换热器	不锈钢，$\phi 260mm \times 750mm$，$F=1.0m^2$	1
10	精馏塔	主体不锈钢DN200；共14块塔板	1
11	产品换热器	不锈钢，$\phi 108mm \times 860mm$，$F=0.1m^2$	1

② 动设备一览表。实训装置的动设备见表3-4。

表3-4 动设备一览表

编号	名称	规格型号	数量
1	回流泵	齿轮泵	1
2	产品泵	齿轮泵	1
3	原料泵1	离心泵	1
4	真空泵	旋片式真空泵（流量4L/s）	1
5	塔底残液泵	齿轮泵	1
6	原料泵2	齿轮泵	1

3.2 生产技术指标

在化工生产中，对各工艺变量有一定的控制要求。有些工艺变量对产品的数量和质量起着决定性的作用。有些工艺变量虽不直接影响产品的数量和质量，然而保持其平稳却是使生产获得良好控制的前提。例如，床层的温度和压差对干燥效果起着重要的作用。

为了满足实训操作需求，可以有两种方式，一是人工控制；二是自动控制，使用自动化仪表等控制装置来代替人的观察、判断、决策和操作。

先进的控制策略在化工生产过程的推广应用，能够有效提高生产过程的平稳性和产品质量的合格率，对于降低生产成本、节能减排降耗、提升企业的经济效益具有重要意义。

3.2.1 各项工艺操作指标

（1）温度控制

预热器出口温度（TICA712）：75~85℃，高限报警：$H=85℃$（具体根据原料的浓度来调整）；再沸器温度（TICA714）：80~100℃，高限报警：$H=100℃$（具体根据原料的浓度来调整）；塔顶温度（TIC703）：78~80℃（具体根据产品的浓度来调整）。

（2）流量控制

冷凝器上冷却水流量：600L/h；进料流量：~40L/h；回流流量与塔顶产品流量由塔顶温度控制；液位控制：再沸器液位：0~280mm，高限报警：$H=196mm$，低限报警：$L=84mm$；原料槽液位：0~800mm，高限报警：$H=800mm$，低限报警：$L=100mm$。

（3）压力控制

系统压力：-0.04～0.02MPa。

（4）质量浓度控制

原料中乙醇含量：～20%；塔顶产品乙醇含量：～90%；塔底产品乙醇含量：<5%；以上浓度分析指标是指用酒精比重计在样品冷却后进行粗测定的值，若分析方法改变，则应作相应换算。

3.2.2 主要控制回路

（1）再沸器温度控制

再沸器的温度控制流程如图3-5所示。

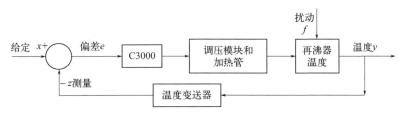

图3-5 再沸器温度控制流程图

（2）预热器温度控制

预热器的温度控制流程如图3-6所示。

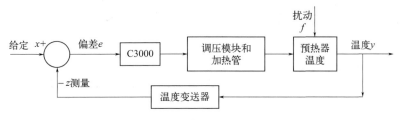

图3-6 预热器温度控制流程图

（3）塔顶温度控制

塔顶温度的控制流程如图3-7所示。

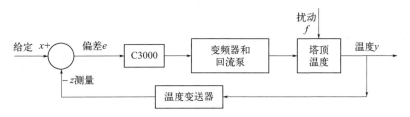

图3-7 塔顶温度控制流程图

3.3 装置联调及试车

3.3.1 控制面板示意图

实训装置的控制面板如图3-8所示。

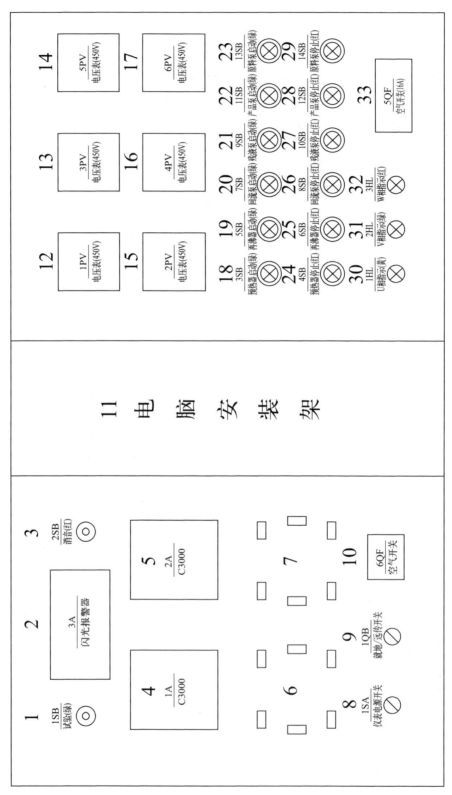

图3-8 装置联调控制面板示意图

3.3.2 控制面板对照表

表3-5为控制面板各个装置对应的功能。

表3-5 控制面板各装置及对应功能

序号	名称	功能
1	试验按钮	检查声光报警系统是否完好
2	闪光报警器	发出报警信号，提醒操作人员
3	消音按钮	消除警报声音
4	C3000仪表调节仪（1A）	工艺参数的远传显示、操作
5	C3000仪表调节仪（2A）	工艺参数的远传显示、操作
6	标签框	注释仪表通道控制内容
7	标签框	注释仪表通道控制内容
8	仪表开关（1SA）	仪表电源开关
9	就地/远传开关（1QB）	信号投切开关
10	空气开关（6QF）	装置仪表电源总开关
11	电脑安装架	
12	电压表（1PV）	预热器加热管U-V相间电压
13	电压表（3PV）	再沸器1#加热管U-V相间电压
14	电压表（5PV）	再沸器2#加热管U-V相间电压
15	电压表（2PV）	预热器加热管V-W相间电压
16	电压表（4PV）	再沸器1#加热管V-W相间电压
17	电压表（6PV）	再沸器2#加热管V-W相间电压
18	预热器启动（3SB）	预热器启动按钮
19	再沸器启动（5SB）	再沸器启动按钮
20	回流泵启动（7SB）	回流泵启动按钮
21	残液泵启动（9SB）	残液泵启动按钮
22	产品泵启动（11SB）	产品泵启动按钮
23	原料泵启动（13SB）	原料泵启动按钮
24	预热器停止（4SB）	预热器停止按钮
25	再沸器停止（6SB）	再沸器停止按钮
26	回流泵停止（8SB）	回流泵停止按钮
27	残液泵停止（10SB）	残液泵停止按钮
28	产品泵停止（12SB）	产品泵停止按钮
29	原料泵停止（14SB）	原料泵停止按钮
30	黄色指示灯（1HL）	U相
31	绿色指示灯（2HL）	V相
32	红色指示灯（3HL）	W相
33	空气开关（5QF）	三相电源开关

3.3.3 装置联调

装置联调也称水试,是用水、空气等介质,代替生产物料所进行的一种模拟生产状态的试车。目的是检验生产装置连续通过物料的性能,此时,可以对水进行加热或降温,观察仪表是否能准确地指示流量、温度、压力、液位等数据,以及设备的运转是否正常等情况。

此操作在装置初次开车时很关键,平常的实训操作中,可以根据具体情况,操作其中的某些步骤或不操作。具体步骤如下。

(1) 装置检查

由相关操作人员成立装置检查小组,对本装置所有设备、管道、阀门、仪表、电气、分析、保温等按工艺流程图要求和专业技术要求进行检查,确认无误。

(2) 设备吹扫

由于此过程在装置初次试车时较为关键,而且,装置在出厂前已经完成此操作,故此步可以不操作。

(3) 系统检漏

打开系统内所有设备间连接管道上的阀门,关闭系统所有排污阀、取样阀、仪表根部阀(压力表无根部阀时应拆除压力表并用合适的方式堵住引压管口),向系统内缓慢加水(可从原料槽底排污阀VA04或其他适合的接口处接通进水管),关注进水情况,检查装置泄漏,及时消除泄漏点并根据水位上升状况及时关闭相应的放空阀。当系统水加满后关闭放空阀,使系统适当承压(控制在0.1MPa以下)并保持10min,系统无不正常现象则可以判定此项工作结束。然后打开放空阀并保持常开状态,开装置低处的排污阀,将系统内水排放干净。

(4) 系统试车

① 常压试车。

a. 开启原料泵进口阀(VA06)、出口阀(VA08)、精馏塔原料液进口阀(VA09、VA11)、塔顶冷凝液槽放空阀(VA25)。

b. 关闭精馏塔排污阀(VA15)、原料预热器排污阀(VA13)、再沸器至塔底换热器连接阀(VA14)、冷凝液槽出口阀(VA29)。

c. 启动原料泵(P702),当原料预热器充满原料液(观察原料加热器顶的视盅内有料液)后,打开精馏塔进料阀(VA11),往再沸器内加入原料液,调节再沸器液位至正常。

d. 分别启动原料加热器、再沸器加热系统,用调压模块调节加热功率,系统缓慢升温,观测整个加热系统运行状况,系统运行正常则停止加热,排放完系统内的水。

② 真空试车。

a. 开启真空缓冲罐抽真空阀(VA52),关闭真空缓冲罐进气阀(VA50),关闭真空缓冲罐放空阀(VA49)。

b. 启动真空泵(P703),当真空缓冲罐压力达到-0.05MPa时,缓开真空缓冲罐进气阀(VA50)及原料槽抽真空阀(VA03)、残液槽抽真空阀(VA21)、冷凝液槽抽真空阀(VA26)和产品槽抽真空阀(VA40),当系统真空压力达到-0.03MPa时,关真空缓冲罐抽真空阀(VA52),停真空泵。

c. 观察真空缓冲罐压力上升速度情况,当真空缓冲罐压力上升≤0.01MPa/10min可判定真空系统正常。

③ 声光报警系统检验。

信号报警系统有：试灯状态、正常状态、报警状态、消音状态、复原状态。

a. 试灯状态。在正常状态下，检查灯光回路是否完好（按控制面板上的试验按钮1）。

b. 正常状态。此时，设备运行正常，没有灯光或音响信号。

c. 报警状态。当被测工艺参数偏离规定值或运行状态出现异常时，发出音响灯光信号（控制面板上的闪光报警器如2），以提醒操作人员。

d. 接收状态。操作人员可以按控制面板上的消音按钮如3，从而解除音响信号，保留灯光信号。

e. 复原状态。当故障解除后。报警系统恢复到正常状态。

3.4 精馏装置开停车操作

（1）开车前准备

① 由相关操作人员成立装置检查小组，对本装置所有设备、管道、阀门、仪表、电气、分析、保温等按工艺流程图要求和专业技术要求进行检查。

② 检查所有仪表是否处于正常状态。

③ 检查所有设备是否处于正常状态。

④ 试电。

a. 检查外部供电系统，确保控制柜上所有开关均处于关闭状态。

b. 开启外部供电系统总电源开关。

c. 打开控制柜上空气开关33（5QF）。

d. 打开装置仪表电源总开关（6QF），打开仪表电源开关（1SA），查看所有仪表是否上电，指示是否正常。

e. 将各阀门顺时针旋转操作到关的状态。

（2）准备原料

配制质量比为20%的乙醇溶液200L，通过原料槽进料阀（VA01），加入原料槽，至其容积的1/2～2/3。

（3）开启公用系统

将冷却水管进水总管和自来水龙头相连、冷却水出水总管接软管到下水道，以备待用。

（4）开车

① 常压精馏操作。

a. 配制一定浓度的乙醇与水的混合溶液，加入原料槽。

b. 开启控制台、仪表盘电源。

c. 开启原料泵进、出口阀门（VA06、VA08），精馏塔原料液进口阀（VA09、VA11）。

d. 开启塔顶冷凝液槽放空阀（VA25）。

e. 关闭预热器和再沸器排污阀（VA13和VA15）、再沸器至塔底冷却器连接阀（VA14）、塔顶冷凝液槽出口阀（VA29）。

f. 启动原料泵（P702），开启原料泵出口阀门（VA10）快速进料，当原料预热器充满原料液后，可缓慢开启原料预热器加热，同时继续往精馏塔塔釜内加入原料液，调节好再沸器液位，并酌情停原料泵。

g. 启动精馏塔再沸器加热系统，系统缓慢升温，开启精馏塔塔顶冷凝器冷却水进、出水阀（VA36），调节好冷却水流量，关闭冷凝液槽放空阀（VA25）。

h. 当冷凝液槽液位达到1/3时，开产品泵（P701）阀门（VA29、VA31），启动产品泵（P701），系统进行全回流操作，控制冷凝液槽液位稳定，控制系统压力、温度稳定。当系统压力偏高时可通过冷凝液槽放空阀（VA25）适当排放不凝性气体。

i. 当系统稳定后，开塔底换热器冷却水进、出口阀（VA23），开再沸器至塔底换热器阀（VA14），开塔顶冷凝器至产品槽阀门（VA32）。

j. 手动或自动［开启回流泵（P704）］调节回流量，控制塔顶温度，当产品符合要求时，可转入连续精馏操作，通过调节产品流量控制塔顶冷凝液槽液位。

k. 当再沸器液位开始下降时，可启动原料泵，将原料打入原料预热器预热，调节加热功率，原料达到要求温度后，送入精馏塔，或开原料至塔顶换热器的阀门，让原料与塔顶产品换热回收热量后进入原料预热器预热，再送入精馏塔。

l. 调整精馏系统各工艺参数稳定，建立塔内平衡体系。

m. 按时做好操作记录。

② 减压精馏操作。

a. 配制一定浓度的乙醇与水的混合溶液，加入原料槽。

b. 开启控制台、仪表盘电源。

c. 开启原料泵进出、口阀（VA06、VA08），精馏塔原料液进口阀（VA09、VA11）。

d. 关闭预热器和再沸器排污阀（VA13和VA15）、再沸器至塔底冷凝器连接阀（VA14）、塔顶冷凝液槽出口阀（VA29）。

e. 启动原料泵快速进料，当原料预热器充满原料液后，可缓慢开启原料预热器加热，同时继续往精馏塔塔釜内加入原料液，调节好再沸器液位，并酌情停原料泵。

f. 开启真空缓冲罐进、出口阀（VA52、VA50），开启各储槽的抽真空阀门（除原料罐外，原料罐始终保持放空），关闭其他所有放空阀门。

g. 启动真空泵，精馏系统开始抽真空，当系统真空压力达到-0.05MPa左右时，关真空缓冲罐出口阀（VA50），停真空泵。

h. 启动精馏塔再沸器加热系统，系统缓慢升温，开启精馏塔塔顶换热器冷却水进、出水阀，调节好冷却水流量。

i. 当冷凝液槽液位达到1/3时，开启回流泵（P704）进出口阀，启动回流泵（P704），系统进行全回流操作，控制冷凝液槽液位稳定，控制系统压力、温度稳定。当系统压力偏高时可通过真空泵适当排放不凝性气体，控制好系统真空度。

j. 当系统稳定后，开塔底换热器冷却水进、出口阀（VA23），开再沸器至塔底换热器阀门（VA14），开塔顶冷凝器至产品槽阀门（VA32）。

k. 手动或自动［开启回流泵（P704）］调节回流量，控制塔顶温度，当产品符合要求时，可转入连续精馏操作，通过调节产品流量控制塔顶冷凝液槽液位。

l. 当再沸器液位开始下降时，可启动原料泵，将原料打入原料预热器预热，调节加热功率，原料达到要求温度后，送入精馏塔，或开原料至塔顶换热器的阀门，让原料与塔顶产品换热回收热量后进入原料预热器预热，再送入精馏塔。

m. 调整精馏系统各工艺参数稳定，建立塔内平衡体系。

n. 按时做好操作记录。

（5）停车操作

① 常压精馏停车。

a. 系统停止加料，停止原料预热器加热，关闭原料液泵进出、口阀（VA06、VA08），停原料泵。

b. 根据塔内物料情况，停止再沸器加热。

c. 当塔顶温度下降，无冷凝液馏出后，关闭塔顶冷凝器冷却水进水阀（VA36），停冷却水，停产品泵和回流泵，关泵进、出口阀（VA29、VA30、VA31和VA32）。

d. 当再沸器和预热器物料冷却后，开预热器和再沸器排污阀（VA13、VA14和VA15），放出预热器及再沸器内物料，开塔底冷凝器排污阀（VA16），塔底产品槽排污阀（VA22），放出塔底冷凝器内物料、塔底产品槽内物料。

e. 停控制台、仪表盘电源。

f. 做好设备及现场的整理工作。

② 减压精馏停车。

a. 系统停止加料，停止原料预热器加热，关闭原料泵进出、口阀（VA06、VA08），停原料泵。

b. 根据塔内物料情况，停止再沸器加热。

c. 当塔顶温度下降，无冷凝液馏出后，关闭塔顶冷凝器冷却水进水阀（VA36），停冷却水，停回流泵产品泵，关泵进、出口阀（VA29、VA30、VA31和VA32）。

d. 当系统温度降到40℃左右，缓慢开启真空缓冲罐放空阀门（VA49），破除真空，然后开精馏系统各处放空阀（开阀门速度应缓慢），破除系统真空，系统恢复至常压状态。

e. 当再沸器和预热器物料冷却后，开预热器和再沸器排污阀（VA13、VA14和VA15），放出预热器及再沸器内物料，开塔底冷凝器排污阀（VA16），塔底产品槽排污阀（VA22），放出塔底冷凝器内物料、塔底产品槽内物料。

f. 停控制台、仪表盘电源。

g. 做好设备及现场的整理工作。

（6）正常操作注意事项

① 精馏塔系统采用自来水做试漏检验时，系统加水速度应缓慢，系统高点排气阀应打开，密切监视系统压力，严禁超压。

② 再沸器内液位高度一定要超过100mm，才可以启动再沸器电加热器进行系统加热，严防干烧损坏设备。

③ 原料加热器启动时应保证液位满罐，严防干烧损坏设备。

④ 精馏塔釜加热应逐步增加加热电压，使塔釜温度缓慢上升，升温速度过快，易造成塔视镜破裂（热胀冷缩），大量轻、重组分同时蒸发至塔釜内，延长塔系统达到平衡时间。

⑤ 精馏塔塔釜初始进料时进料速度不宜过快，防止塔系统进料速度过快、满塔。

⑥ 系统全回流时应控制回流流量和冷凝流量基本相等，保持回流液槽一定液位，防止回流泵抽空。

⑦ 系统全回流流量控制在50L/h，保证塔系统气液接触效果良好，塔内鼓泡明显。

⑧ 减压精馏时，系统压力不宜过高，控制在（-0.02～-0.04）MPa，系统压力控制采用间歇启动真空泵方式，当系统压力低于-0.04MPa时，停真空泵；当系统压力高于-0.02MPa时，启动真空泵。

⑨ 减压精馏采样为双阀采样，操作方法为：先开上端采样阀，当样液充满上端采样阀和下端采样阀间的管道时，关闭上端采样阀，开启下端采样阀，用量筒接取样液，采样后关下端采样阀。

⑩ 在系统进行连续精馏时，应保证进料流量和采出流量基本相等，各处流量计操作应互相配合，默契操作，保持整个精馏过程的操作稳定。

⑪ 塔顶冷凝器的冷却水流量应保持在400～600L/h，保证出冷凝器塔顶液相在30～40℃、塔底冷凝器产品出口保持在40～50℃。

⑫ 分析方法可以为酒精比重计分析或色谱分析。

（7）设备维护及检修

① 泵的开、停，正常操作及日常维护。

② 系统运行结束后，相关操作人员应对设备进行维护，保持现场、设备、管路、阀门清洁，方可离开现场。

【思考题】

1. 什么是装置联调？其目的是什么？有哪些方法？
2. 精馏塔釜加热时如果升温过快，会有哪些后果？
3. 减压精馏采样时，应当如何操作？

项目 4
原油常减压蒸馏装置仿真操作

项目导入

炼油工段常减压蒸馏仿真工艺是化工的典型工艺。通过对常减压实物设备的仿真模拟，对常减压炼油工段仿真工艺原理、操作环境、控制系统、故障处理有更深的理解，可弥补传统实习学生无法亲自动手操作的不足。

项目概述

本项目包括炼油工段常减压蒸馏的冷态开车、正常操作、正常停车和常见事故处理等训练内容。根据化工生产中的规范操作规程，熟练掌握常减压炼油工段的常见操作技能。

任务 1　冷态开车、正常操作和正常停车仿真操作

任务描述

将原油在电脱盐罐、常压蒸馏装置和减压蒸馏装置进行分离得到轻、重组分。包括常减压蒸馏装置的冷态开车、正常操作和正常停车工况的操作。

任务实施

按照常减压蒸馏装置仿真操作规程要求，完成以下任务。
（1）冷态开车操作仿真
① 开车准备；
② 装油；
③ 冷循环；
④ 热循环；
⑤ 常压系统转入正常生产；

⑥ 减压系统转入正常生产；
⑦ 投用一脱三注。
（2）正常操作仿真
正常工况下的工艺参数指标控制在操作正常值，根据实际情况进行调节。
（3）正常停车操作仿真
① 降量；
② 降量关侧线；
③ 装置打循环及炉子熄火。

 任务考核

依据操作正确率和完成质量，评分系统客观评分。首先开卷进行训练，考核时闭卷考核，考核时间可以根据学习阶段而定，操作熟练后，可相应减少考核时间。正常开车、正常工况和正常停车可一起考核，也可分开进行考核。

任务 2　事故处理

 任务描述

模拟常减压蒸馏装置正常运行中常见的事故，包括原油中断、供电中断、循环水中断、供汽中断、净化风中断、加热炉着火、常压塔底泵停、（常顶回流阀）阀卡 10%、（减压塔出料阀）阀卡 10%、闪蒸塔底泵抽空、减压炉熄火、一级抽真空系统故障（抽 -1 故障）、低压闪电、高压闪电、原油含水等事故，完成在发生常见事故的情况下作出正确的处理和应对措施，培养分析事故原因、处理事故的能力，保障生产安全运行。

任务实施

按照常减压蒸馏装置仿真操作规程要求，完成以下任务。
① 原油中断；
② 供电中断；
③ 循环水中断；
④ 供汽中断；
⑤ 净化风中断；
⑥ 加热炉着火；
⑦ 常压塔底泵停；
⑧（常顶回流阀）阀卡 10%；

⑨（减压塔出料阀）阀卡10%；
⑩ 闪蒸塔底泵抽空；
⑪ 减压炉熄火；
⑫ 抽-1故障；
⑬ 低压闪电；
⑭ 高压闪电；
⑮ 原油含水。

 任务考核

事故处理闭卷考核，依据操作正确率和完成质量，评分系统客观评分。

【相关知识】

4.1 石油的化学组成

4.1.1 石油的外观性质

原油是从地下开采出来的、未经加工的石油。原油经炼制加工后得到各种燃料油、润滑油、蜡、沥青、石油焦等石油产品。了解石油及其产品的化学组成和物理性质，对于原油加工、产品使用以及石油的综合利用等具有重要意义。

石油通常是一种流动或半流动状的黏稠液体。世界各地所产的石油在外观性质上有不同程度的差别。从颜色看，大部分石油是黑色，也有暗绿或暗褐色，少数显赤褐、浅黄色，甚至无色。相对密度一般都小于1，绝大多数石油的相对密度在0.80～0.90之间，但也有个别的高达1.02和低至0.71。我国主要油田的原油相对密度都在0.85以上。不同石油的流动性差别也很大，有的石油其50℃运动黏度为1.46mm^2/s，有的却高达20000mm^2/s。

大多石油都有程度不同的臭味，这是因为含有硫化物的缘故。石油外观性质的差异反映了其化学组成的不同。

4.1.2 石油的元素组成

石油主要由碳（C）和氢（H）两种元素组成，其中碳含量为83%～87%，氢含量为11%～14%，两者合计为95%～99%，由碳和氢两种元素组成的碳氢化合物称为烃，在石油炼制过程中它们是加工和利用的主要对象。此外，石油中还含有硫（S）、氮（N）、氧（O）。这些非碳氢元素含量一般为1%～4%。但也有个别例外，如国外某原油含硫高达5.5%，某原油含氮量为1.4%～2.2%。虽然石油中非碳氢元素的含量很少，但是它们对石油的性质、石油加工过程以及产品的使用性能有很大的影响。

石油中除含有碳、氢、硫、氮、氧五种元素外，还有微量的金属元素和其他非金属元素，如钒、镍、铁、铜、砷、氯、磷、硅等，它们的含量非常少，常以百万分之几计。

以上各种元素并非以单质出现，而是相互以不同形式结合成烃类和非烃类化合物存在于石油中。所以，石油的组成是极为复杂的。

4.1.3 石油的烃类组成

石油主要是由各种不同的烃类组成的。石油中究竟有多少种烃，至今尚无法说明。但已确定石油中的烃类主要是由烷烃、环烷烃和芳香烃这三种烃类构成。天然石油中一般不含烯烃、炔烃等不饱和烃，只有在石油的二次加工产物中和利用油页岩制得的页岩油中含有不同数量的烯烃。

（1）烷烃

烷烃是石油的主要组分。在常温常压下，$C_1 \sim C_4$（即分子中含有1～4个碳原子）的烷烃为气体，$C_5 \sim C_{15}$ 的烷烃为液体，大于 C_{16} 的正构烷烃为固体。

含有大量的甲烷和少量的乙烷、丙烷的天然气称为干气，除含有较多的甲烷、乙烷外，还含有少量易挥发的液态烃蒸气（如戊烷、己烷、辛烷）的天然气称为湿气，高分子烷烃是固态，但一般溶于油中，低温下析出。

在一般条件下，烷烃的化学性质很不活泼，不易与其他物质发生反应，但在特殊条件下，烷烃也会发生氧化、卤化、硝化及热分解等反应。

（2）环烷烃

环烷烃是环状的饱和烃，也是石油的主要组分之一。石油中的环烷烃主要是含五碳环的环戊烷系和含六碳环的环己烷系。从数量上看，一般是环己烷系多于环戊烷系。

随着石油馏分沸点的升高，环烷烃相对含量增加，在高沸点的石油馏分中，还含有双环和多环的环烷烃以及环烷-芳香烃。在更重的石油馏分中，因为芳香烃的含量增加使得环烷烃的相对含量有所减少。

环烷烃的抗爆性较好、凝点低、有较好的润滑性能和黏温性，是汽油、喷气燃料及润滑油的良好组分。

环烷烃的化学性质与烷烃相近，但稍活泼，在一定条件下可发生氧化、卤化、硝化、热分解等反应，环烷烃在一定条件下还能脱氢生成芳香烃。

（3）芳香烃

芳香烃是指分子中含有苯环的烃类，一般苯环上带有不同的烷基侧链，也是石油的主要组分之一。同一种原油中，随着沸点（或分子量）的升高，芳香烃的含量增多。石油中除含有单环芳香烃外，还含有双环和多环芳香烃。

芳香烃的化学性质较烷烃稍活泼，可与一些物质发生反应，但芳香烃中的苯环很稳定，强氧化剂也不能使其氧化，也不易发生加成反应。在一定条件下，芳香烃上的侧链会被氧化成有机酸，这是油品氧化变质的重要原因之一，芳香烃在一定条件下还能进行加氢反应。

（4）烯烃

石油中一般不含烯烃。烯烃主要存在于石油的二次加工产物中。

烯烃又分为单烯烃（即分子中含有一个双键）、双烯烃和环烯烃。在常温常压下，单烯烃 $C_2 \sim C_4$ 是气体，$C_5 \sim C_{18}$ 是液体，C_{18} 以上是固体。

烯烃分子中有双键，因此烯烃的化学性质很活泼，可与多种物质发生反应。在一定条件下可进行加成、氧化和聚合等各种反应。在空气中烯烃易氧化成酸性物质或胶质，特别是二烯烃和环烯烃更易氧化，影响油品的安定性。

4.1.4 石油的馏分组成

石油是一个多组分的复杂混合物,每个组分有其各自不同的沸点。石油加工的第一步是蒸馏(或分馏),根据各组分沸点的不同,用蒸馏的方法把石油"分割"成几个部分,每一部分称为馏分。

通常把沸点小于200℃的馏分称为汽油馏分或低沸馏分,200～350℃的称为煤、柴油馏分或中间馏分,350～500℃的称为减压馏分或高沸馏分,大于500℃的为渣油。

必须注意的是石油馏分不是石油产品。石油产品必须满足油品规格的要求。通常馏分油要经过进一步加工才能变成石油产品。此外,同一沸点范围的馏分也可以因目的不同而加工成不同产品。例如即喷气燃料(航空煤油)的馏分范围是150～280℃,灯用煤油的馏分范围是200～300℃,轻柴油的馏分范围是200～350℃。减压馏分油既可以加工成润滑油产品,也可以作为裂化的原料。

国内外部分原油直馏馏分和减压渣油的含量列于表4-1。从表4-1可以看出:与国外原油相比,我国一些主要油田原油中汽油馏分少(一般低于10%),渣油含量高,这是我国原油的主要特点之一。

表4-1 原油直馏馏分及减压渣油含量

产地	相对密度 d_4^{20}	汽油馏分 <200℃,% (质量分数)	煤柴油馏分 200～300℃,% (质量分数)	减压馏分 350～500℃,% (质量分数)	渣油 >500℃,% (质量分数)
大庆	0.8635	10.78	24.02(200～360℃)	23.95(360～500℃)	41.25
胜利	0.8898	8.71	19.21	27.25	44.83
大港	0.8942	9.55	19.7(200～360℃)	29.8(360～500℃)	40.95
伊朗	0.8551	24.92	25.74	24.61	24.73
印尼米纳斯	0.8456	13.2	26.3	27.8(350～480℃)	32.7(>480℃)
阿曼	0.8488	20.08	34.4	8.45	37.07

4.1.5 石油的非烃组成

石油中的非烃化合物主要指含硫、氮、氧的化合物。这些元素的含量虽仅为1%～4%,但非烃化合物的含量都相当高,可高达20%以上。非烃化合物在石油各馏分中的分布是不均匀的,大部分集中在重质馏分和残渣油中。非烃化合物的存在对石油加工和石油产品使用性能影响很大,石油加工中绝大多数精制过程都是为了除去这类非烃化合物。如果处理适当,综合利用,可变害为利,生产一些重要的化工产品。例如,从石油气中除硫的同时,又可回收硫黄。

(1) 含硫化合物

硫是石油中常见的组成元素之一,不同的石油硫含量相差很大,从万分之几到百分之几。硫在石油馏分中的含量随其沸点范围的升高而增加,大部分硫化物集中在重油中。由于硫对于石油加工影响极大,所以硫含量常作为评价石油的一项重要指标。

硫在石油中少量以单质硫(S)和硫化氢(H_2S)形式存在,大多数以有机硫化物形式存在,如硫醇(RSH)、硫醚(RSR')、环硫醚、二硫化物(RSSR')、噻吩及其同系物等。

含硫化合物的主要有如下危害。

① 对设备管线有腐蚀作用。单质硫、硫化氢和低分子硫醇（统称为活性硫化物）都能与金属作用而腐蚀设备和管线。硫醚、二硫化物等（统称为非活性硫化物）本身对金属并无作用，但受热后会分解生成腐蚀性较强的硫醇和硫化氢，特别是燃烧生成的二氧化硫腐蚀性更强。

② 可使油品某些使用性能降低。汽油中的含硫化合物会使汽油的感铅性下降、燃烧性能下降、气缸积炭增多、发动机腐蚀和磨损加剧。硫化物还会使油品的储存安定性变坏，不仅发生恶臭，还会显著促进胶质的生成。

③ 污染环境。含硫油品燃烧后生成二氧化硫、三氧化硫等，污染大气，对人体有害。石油中的臭味来自其中的含硫化合物硫醇，当空气中含有0.00001mg/L的硫醇时即可嗅到臭味。

④ 在二次加工过程中，使某些催化剂中毒，丧失活性。

通常采用酸碱洗涤、催化加氢、催化氧化等方法除去油品中的硫化物。

（2）含氮化合物

石油中含氮量一般在万分之几至千分之几。密度大、胶质多、硫含量高的石油，一般其含氮量也高。石油馏分中氮化物的含量随其沸点范围的升高而增加，大部分氮化物以胶状、沥青状物质存在于渣油中。

石油中的氮化物大多数是氮原子在环状结构中的杂环化合物，主要有吡啶、喹啉等的同系物（统称为碱性氮化物）及吡咯、吲哚等的同系物（统称为非碱性氮化物）。

石油中另一类重要的非碱性氮化物是金属卟啉化合物，分子中有四个吡咯环，重金属原子与卟啉中的氮原子呈络合状态存在。

石油中氮含量虽少，但对石油加工、油品储存和使用的影响却很大，当油品中含有氮化物时，储存日期稍久，就会使颜色变深，气味发臭，这是因为不稳定的氮化物长期与空气接触氧化生成了胶质。氮化物也是某些二次加工催化剂的毒物，所以，油品中的氮化物应在精制过程中除去。

（3）含氧化合物

石油中的氧含量一般都很少，约千分之几，个别石油中氧含量高达2%～3%，石油中的含氧化合物大部分集中在胶质、沥青质中，因此，胶质、沥青质含量高的重质石油其含氧量一般比较高。对以胶质、沥青质形式存在的含氧化合物在后面将作单独讨论，这里只讨论胶质、沥青质以外的含氧化合物。

石油中的氧均以有机物形式存在。这些含氧化合物分为酸性氧化物和中性氧化物两类。酸性氧化物中有环烷酸、脂肪酸和酚类，总称石油酸。中性氧化物有醛、酮和酯类，它们在石油中含量极少。含氧化合物中以环烷酸和酚类最重要，特别是环烷酸，约占石油酸总量的90%，而且在石油中的分布也很特殊，主要集中在中间馏分中（沸程为250～400℃），而在低沸馏分或高沸馏分中含量都比较低。

纯的环烷酸是一种油状液体，有特殊的臭味，具有腐蚀性，对油品使用性能有不良影响。但是环烷酸却是非常有用的化工产品或化工原料，常用作防腐剂、杀虫杀菌剂、农用助长剂、洗涤剂、颜料添加剂等。

酚类也有强烈的气味，具有腐蚀性。但可作为消毒剂，也可用作合成纤维、医药、染料、炸药等的原料。

油品中的含氧化合物在精制时必须除去。

(4)胶状、沥青状物质

石油中的非烃化合物，大部分以胶状、沥青状物质（即胶质沥青质）存在，都是由碳、氢、硫、氮、氧以及一些金属元素组成的多环复杂化合物。它们在石油中的含量相当可观，从百分之几到几十，绝大部分存在于石油的减压渣油中。胶质和沥青质的组成和分子结构都很复杂，两者有差别，但并没有严格的界限，胶质一般能溶于石油醚（低沸点烷烃）及苯，也能溶于一切石油馏分。胶质有很强的着色力，油品的颜色主要来自胶质。胶质受热或在常温下氧化可以转化为沥青质。沥青质是暗褐色或深黑色脆性的非晶体固体粉末，不溶于石油醚而溶于苯。胶质和沥青质在高温时易转化为焦炭。

油品中的胶质必须除去，而含有大量胶质、沥青质的渣油可用于生产沥青，包括道路沥青、建筑沥青等。沥青是主要的石油产品之一。

从上述介绍可以看出，石油是以烃类有机物为主，还包括一定数量非烃类有机物的复杂混合物。通过了解石油的化学组成，再根据石油及其产品的物理性质及实际需要，就可以确定合理的石油加工方案。

4.2 石油及其产品的物理性质

石油及其产品的物理性质是生产和科研中评定油品质量和控制加工过程的主要指标。加工一种原油之前，先要测定它的各种物理性质，如沸点范围（馏分组成）、相对密度、黏度、凝点、闪点、残炭值、硫含量等，称为原油评价实验。根据原油评价才能确定石油的合理加工方案。

石油和油品的物理性质与其化学组成密切相关。由于石油和油品都是复杂的混合物，所以它们的物理性质是所含各种成分的综合表现。与纯化合物的性质有所不同，石油和油品的物理性质往往是条件性的，离开了一定的测定方法、仪器和条件，这些性质也就失去了意义。

石油和油品性质测定方法都规定了不同级别的统一标准，其中有国际标准（简称ISO）、国家标准（简称GB）、石油化工行业标准（简称SH）等。

4.2.1 密度和相对密度

在规定温度下，单位体积内所含物质的质量称为密度，单位是g/cm^3或kg/m^3。油品的密度与规定温度下水的密度之比称为油品的相对密度，用d表示，是无量纲的。

由于4℃时纯水的密度近似为$1g/cm^3$（3.98℃时水的密度为$0.99997g/cm^3$），常以4℃的水为比较标准。我国常用的相对密度为d_4^{20}（即20℃时油品的密度与4℃时水的密度之比）；欧美各国常用的为$d_{15.6}^{15.6}$，即15.6℃（或60℉）时油品的密度与15.6℃时水的密度之比，并常用比重指数表示液体的相对密度，也称API度，表示为API°，它与$d_{15.6}^{15.6}$的关系为：

$$\text{API}° =141.5/ d_{15.6}^{15.6} -131.5 \quad (4\text{-}1)$$

与通常密度的概念相反，API°数值愈大，表示密度愈小。

油品的密度与其组成有关。同一原油的不同馏分油，随沸点范围升高，密度增大。当沸点范围相同时，含芳香烃愈多，密度愈大；含烷烃愈多，密度愈小。

密度是评价石油质量的主要指标，通过密度和其他性质可以判断原油的化学组成。

4.2.2 蒸气压

在一定温度下,液体与其液面上方蒸气呈平衡状态时,该蒸气所产生的压力称为饱和蒸气压,简称蒸气压。蒸气压愈高,说明液体愈容易汽化。

纯烃和其他纯液体一样,其蒸气压只随液体温度而变化,温度升高,蒸气压增大。石油及石油馏分的蒸气压与纯物质有所不同,它不仅与温度有关,而且与汽化率(或液相组成)有关,在温度一定时,汽化量变化会引起蒸气压的变化。

油品的蒸气压通常有两种表示方法:一种是油品质量标准中的雷德(Reid)蒸气压,是在规定条件(38℃、气相体积与液相体积之比为4∶1)下测定的;另一种是真实蒸气压,指汽化率为0时的蒸气压。

4.2.3 沸点与馏程

纯物质在一定外压下,当加热到某一温度时,其饱和蒸气压等于外界压力,此时液体就会沸腾,此温度称为沸点。在外压一定时,纯化合物的沸点是一个定值。

石油及其馏分或产品都是复杂的混合物,所含各组分的沸点不同,所以在一定外压下,油品的沸点不是一个温度点,而是一个温度范围。

将一定量的油品放入仪器中进行蒸馏,经过加热、汽化、冷凝等过程,油品中低沸点组分易蒸发出来,随着蒸馏温度的不断提高,较多的高沸点组分也相继蒸出。蒸馏时流出第一滴冷凝液时的气相温度叫初馏点,馏出物的体积依次达到10%、20%、30%…90%时的气相温度分别称为10%点(或10%馏出温度)、30%点…90%点,蒸馏到最后达到的气体的最高温度叫终馏点。从初馏点到终馏点这一温度范围称为馏程,在此温度范围内蒸馏出的部分叫馏分。馏分与馏程或蒸馏温度与馏出量之间的关系叫原油或油品的馏分组成。

在生产和科研中常用的馏程测定方法有实沸点蒸馏与恩氏蒸馏,它们不同的是:前者蒸馏设备较精密,馏出时的气相温度较接近馏出物的沸点,温度与馏出的质量分数呈对应关系,而后者蒸馏设备较简便,蒸馏方法简单,馏程数据容易得到,但馏程并不能代表油品的真实沸点范围。所以,实沸点蒸馏适用于原油评价及制订产品的切割方案,恩氏蒸馏馏程常用于生产控制、产品质量标准及工艺计算,例如馏程是汽油、喷气燃料、柴油、灯用煤油、溶剂油等的重要质量指标。

4.2.4 特性因数

特性因数(K)是反映石油或石油馏分化学组成特性的一种特性数据,应用极为普遍。特性因数的定义为:

$$K = 1.216 T^{1/3} / d_{15.6}^{15.6} \qquad (4-2)$$

式中,T 为烃类的沸点、石油或石油馏分的立方平均沸点或中平均沸点,K。

不同烃类的特性因数是不同的,烷烃的最高,环烷烃的次之,芳香烃的最低。由于石油及其馏分是以烃类为主的复杂混合物,所以也可以用特性因数表示它们的化学组成特性,含烷烃多的石油馏分的特性因数较大,为12.5～13.0;含芳香烃多的石油馏分的较小,为10～11;一般石油的特性因数为9.7～13。我国大庆原油 K 值为12.5,胜利原油 K 值为12.1。

特性因数K对原油的分类、确定原油加工方案等是十分有用的。

4.2.5 平均分子量

石油是多种化合物的复杂混合物，石油馏分的分子量是其中各组分分子量的平均值，因此称为平均分子量。

石油馏分的平均分子量随馏分沸程的升高而增大。汽油的平均分子量为100～120，煤油的平均分子量为180～200，轻柴油的平均分子量为210～240，低黏度润滑油的平均分子量为300～360，高黏度润滑油的平均分子量为370～500。

4.2.6 黏度

黏度是评价原油及其产品流动性能的指标，是喷气燃料、柴油、重油和润滑油的重要质量标准之一，特别是对各种润滑油的分级、质量鉴别和用途具有决定意义。黏度对油品流动和输送时的流量和压力降也有重要影响。

黏度是表示液体流动时分子间摩擦而产生阻力的大小。黏稠的液体比稀薄的液体流动得慢，因为黏稠液体在流动时产生的分子间的摩擦力较大。黏度的大小随液体组成、温度和压力不同而异。

黏度的表示方法有动力黏度、运动黏度及恩氏黏度等。国际标准化组织规定统一采用运动黏度。

动力黏度是表示液体在一定剪切应力下流动时内摩擦力的量度，其值为所加于流动液体的剪切应力和剪切速率之比。在我国法定单位制中以帕·秒（Pa·s）表示，习惯上用厘泊（cP）为单位。1厘泊=10^{-3}帕·秒=1毫帕·秒。

运动黏度表示液体在重力作用下流动时内摩擦力的量度，其值为相同温度下液体的动力黏度与其密度之比，在法定单位制中以m^2/s表示。在物理单位制中运动黏度单位为mm^2/s（斯），常用单位是mm^2/s，叫厘斯（即百分之一斯）。$1m^2/s=10000$斯$=1000000$厘斯（mm^2/s）。

恩氏黏度是条件性黏度，常用于表示油品的黏度。恩氏黏度是在规定条件下，从仪器中流出200mL油品的时间（s）与20℃时流出200mL蒸馏水所需时间（s）的比值，以°E来表示。

石油及其馏分或产品的黏度随其组成不同而异。含烷烃多（特性因数大）的石油馏分黏度较小，含环状烃多（特性因数小）的石油馏分黏度较大。一般地，石油馏分愈重、沸点愈高，黏度愈大。

温度对油品黏度影响很大。温度升高，液体油品的黏度减小，而油品蒸气的黏度增大。油品黏度随温度变化的性质称为黏温性质。黏温性质好的油品，其黏度随温度变化的幅度较小。黏温性是润滑油的重要指标之一，为了使润滑油在温度变化的条件下能保证润滑作用，要求润滑油具有良好的黏温性质。

油品黏温性质的表示方法常用的有两种，即黏度比和黏度指数（Ⅵ）。

黏度比最常用的是50℃与100℃运动黏度的比值，也有用-20℃与50℃运动黏度的比值，黏度比愈小，黏温性愈好。

黏度指数是世界各国表示润滑油黏温性质的通用指标，也是国际标准。黏度指数愈高，黏温性质愈好。

油品的黏温性质是由其化学组成所决定的。烃类中以正构烷烃的黏温性最好，环烷烃次之，芳香烃的最差。烃类分子中环状结构越多，黏温性越差，侧链越长则黏温性越好。

4.2.7 低温性能

燃料和润滑油通常需要在冬季、室外、高空等低温条件下使用，所以油品在低温时的流动性是评价油品使用性能的重要项目，原油和油品的低温流动性对输送也有重要意义。油品低温流动性能包括浊点、结晶点、冰点、凝点、倾点和冷滤点等，都是在规定条件下测定的。

油品在低温下失去流动性的原因有两种。一种是对于含蜡很少或不含蜡的油品，随着温度降低，油品黏度迅速增大，当黏度增大到某一程度，油品就变成无定形的黏稠状物质而失去流动性，即所谓"黏温凝固"。另一种原因是对含蜡油品而言，油品中的固体蜡当温度适当时可溶解于油中，随着温度的降低，油中的蜡就会逐渐结晶出来，当温度进一步下降时，结晶大量析出，并连接成网状结构的结晶骨架，蜡的结晶骨架把此温度下还处于液态的油品包在其中，使整个油品失去流动性，即所谓"构造凝固"。

浊点是在规定条件下，清晰的液体油品由于出现蜡的微晶粒而呈雾状或浑浊时的最高温度。若油品继续冷却，直到油中出现肉眼能看得到的晶体，此时的温度就是结晶点。油品中出现结晶后，再使其升温，使原来形成的烃类结晶消失时的最低温度称为冰点。同一油品的冰点比结晶点稍高 $1 \sim 3$℃。

浊点是灯用煤油的重要质量指标，而结晶点和冰点是航空汽油和喷气燃料的重要质量指标。

纯化合物在一定温度和压力下有固定的凝点，而且与熔点数值相同。而油品是一种复杂的混合物，它没有固定的凝点。所谓油品的凝点，是在规定条件下测得的油品刚刚失去流动性时的最高温度，完全是条件性的。

倾点是在标准条件下，被冷却的油品能流动的最低温度。冷滤点是表示柴油在低温下堵塞滤网可能性的指标，是在规定条件下测得的油品不能通过滤网时的最高温度。

国内已开始逐渐采用倾点代替凝点，冷滤点代替柴油凝点作为油品低温性能的指标。油品的低温流动性与其化学组成有密切关系。油品的沸点愈高，特性因数愈大或含蜡量愈多，其倾点或凝点就愈高，低温流动性愈差。

4.2.8 闪点、燃点和自燃点

油品是易着火的物质。油品蒸气与空气的混合气在一定的浓度范围内遇到明火就会闪火或爆炸。混合气中油气的浓度低于这一范围，油气不足，而高于这一范围，空气不足，都不能发生闪火爆炸。因此，这一浓度范围就称为爆炸极限，油气的最低浓度称为爆炸下限，最高浓度称为爆炸上限。

闪点是在规定条件下，加热油品所逸出的蒸气和空气组成的混合物与火焰接触发生瞬间闪火时的最低温度。

由于测定仪器和条件的不同，油品的闪点又分为闭口闪点和开口闪点两种，两者的数值是不同的。通常轻质油品测定其闭口闪点，重质油和润滑油多测定其开口闪点。石油馏分的沸点愈低，其闪点也愈低。汽油的闪点为 $-50 \sim 30$℃，煤油的闪点为 $28 \sim 60$℃，润滑油的闪点为 $130 \sim 325$℃。

燃点是在规定条件下，当火焰靠近油品表面的油气和空气混合物时即着火并持续燃烧至规定时间所需的最低温度。

测定闪点和燃点时，需要用外部火源引燃。如果预先将油品加热到很高的温度，然后使之与空气接触，则无须引火，油品因剧烈的氧化而产生火焰自行燃烧，称为油品的自燃。发生自燃的最低温度称为油品的自燃点。

闪点和燃点与烃类的蒸发性能有关，而自燃点却与其氧化性能有关。所以，油品的闪点、燃点和自燃点与其化学组成有关。油品的沸点越低，其闪点和燃点越低，而自燃点越高。含烷烃多的油品，其自燃点低，但闪点高。

闪点、燃点和自燃点对油品的储存、使用和安全生产都有重要意义，是油品安全保管、输送的重要指标，在储运过程中要避免火源与高温。

4.2.9 油品的其他物理性质

（1）热性质

① 比热。单位质量的物质温度升高1℃（或K）所需要的热量称为比热，单位是kJ/(kg·K)或kJ/(kg·℃)。

油品的比热随密度增加而减小，随温度升高而增大。

② 汽化潜热。在常压沸点下，单位重量的物质由液态转化为气态所需要的热量称为汽化潜热，单位是kJ/kg。

汽油的汽化潜热为290～315kJ/kg，煤油的汽化潜热为250～270kJ/kg，柴油的汽化潜热为230～250kJ/kg，润滑油的汽化潜热为190～230kJ/kg。

③ 焓。热力学函数之一。焓的绝对值是不能测定的，但可测定过程始态和终态焓的变化值。为了方便起见，人为地规定某个状态下的焓值为零，该状态称为基准状态。物质基准状态变化到指定状态时发生的焓变作为物质在该状态下的焓值，单位是kJ/kg。

油品的焓与其化学组成有关。在相同温度下，油品的密度越小，特性因数越大，其焓值越高。

（2）折射率

严格地讲，光在真空中的速度（2.9986×10^{8}m/s）与光在物质中速度之比称为折射率，以n表示。通常用的折射率数据是光在空气中的速度与被空气饱和的物质中速度之比。

折射率的大小与光的波长、被光透过物质的化学组成以及密度、温度和压力有关。在其他条件相同情况下烷烃的折射率最低，芳香烃的最高，烯烃和环烷烃的介于它们之间。对环烷和芳香烃，分子中环数愈多则折射率愈高。

常用的折射率是n_D^{20}，即温度为20℃、常压下钠的D线（波长为589.26nm）的折射率。油品的折射率常用于测定油品的烃类族组成，炼油厂的中间控制分析也采用折射率来求定残炭值。

（3）硫含量

如前所述，石油中的硫化物对石油加工及石油产品的使用性能影响较大。因此，硫含量是评价石油及产品性质的一项重要指标，也是选择石油加工方案的依据。硫含量的测定方法有多种，如硫醇硫含量、硫含量（即总硫含量）、腐蚀等定量或定性方法，通常，硫含量是指油品中含硫元素的质量分数。

（4）胶质、沥青质和蜡含量

原油中的胶质、沥青质和蜡含量对原油输送影响很大，特别是制订高含蜡易凝原油的加热输送方案时，胶质与含蜡量之间的比例关系会显著影响热处理温度和热处理的效果。

这三种物质的含量对制订原油的加工方案也至关重要。因此通常需要测定原油中胶质、沥青质和蜡的含量，均以质量分数表示。

（5）残炭

用特定的仪器，在规定的条件下，将油品在不通空气的情况下加热至高温，此时油品中的烃类即发生蒸发和分解反应，最终成为焦炭。此焦炭占试验用油的质量分数，叫作油品的残炭或残炭值。

残炭与油品的化学组成有关。生成焦炭的主要物质是沥青质、胶质和芳香烃，在芳香烃中又以稠环芳香烃的残炭最高。所以石油的残炭在一定程度上反映了其中沥青质、胶质和稠环芳香烃的含量。这对于选择石油加工方案有一定的参考意义。此外，因为残炭的大小能够直接地表明油品在使用中积炭的倾向和结焦的多少，所以残炭还是润滑油和燃料油等重质油以及二次加工原料的质量指标。在表4-2中列举了我国几种原油的性质。

表4-2 我国几种原油的性质

原油产地		大庆	胜利	孤岛	辽河	华北	中原	新疆	鲁宁管输原油
取样年份		1979	1975	1983	1986	1979	1983	1982	1988
API度		33.1	24.9	17	24.3	27.9	34.8	33.4	26.1
密度/(g/mL)	20℃	0.8554	0.9005	0.9495	0.9042	0.8837	0.8466	0.8538	0.8939
	50℃	—	0.8823	0.9334	0.8866	0.8654	—	—	—
运动黏度/(mm²/s)	50℃	20.19	83.36	333.7	37.26	57.1	10.32	18.8	37.8
	70℃	—	25.35	—	17.76	17.4	—	—	—
凝点/℃		30	28	2	21（倾点）	36	33	12	26
蜡含量（质量分数）/%		26.2	14.6	4.9	9.9	22.8	19.7	7.2	15.3
沥青质（质量分数）/%		0	<1	2.9	0	<0.1	0	10.6	0
胶质（质量分数）/%		8.9	19	24.8	13.7	22	9.5	—	16
残炭（质量分数）/%		2.9	6.4	7.4	4.8	6.7	3.8	2.6	5.5
灰分（质量分数）/%		0.0027	0.02	0.096	0.01	0.0097	—	0.014	—
元素组成	碳（质量分数）/%	85.87	86.26	85.12	86.35	—	—	86.13	—
	氢（质量分数）/%	13.73	12.2	11.61	12.9	—	—	13.3	—
	硫（质量分数）/%	0.1	0.8	2.09	0.18	0.31	0.52	0.05	0.8
	氮（质量分数）/%	0.1	0.41	0.43	0.31	0.38	0.17	0.13	0.29
	镍/mg/L	3.1	26	21.1	32.5	15	3.3	5.6	12.3
	钒/mg/L	0.04	1	2	0.6	0.7	2.4	0.07	1.5
馏出率（体积分数）/%	初馏点/℃	85	95	—	—	85	—	70	—
	100℃	2	—	—	2.9	—	8.1	2.5	3.2
	120℃	4	2	—	3.9	1	10	3.5	4.6
	140℃	6	2.5	2.4	4.9	3.5	12.5	6	5.8
	160℃	8.5	4	3.2	6.3	6	14.8	11	7.3

续表

原油产地		大庆	胜利	孤岛	辽河	华北	中原	新疆	鲁宁管输原油
馏出率（体积分数）/%	180℃	10	5.5	4.5	7.8	8.5	17.2	13.5	8.8
	200℃	12.5	7.5	6.1	9.4	10	19.4	16	10.5
	220℃	14	8.5	7.1	11.4	12.5	22.5	20.8	12.5
	240℃	16	10.5	8.2	13.4	15	26	23.5	14.9
	260℃	18.5	12.5	9.9	16	18.5	28.5	27	17.4
	280℃	21	14.5	12.1	19.1	22.5	31.3	30.5	20.1
	300℃	24	18	14.3	22.1	26	35.3	34.5	23.1

4.3 石油产品的使用要求和规格指标

从石油中可生产出千余种产品，根据石油产品的特征和用途，可以分为五大类（GB/T 498—2014）：燃料（F），溶剂和化工原料（S），润滑剂、工业润滑油和有关产品（L），蜡（W）和沥青（B）。除此之外，石油焦也是一种十分重要的石油产品。

从数量上看，燃料占石油产品的90%左右甚至更多，其用量最大，其中又以发动机燃料为主要产品。润滑剂仅占石油产品的5%左右，但其品种和类别繁多。

4.3.1 燃料

液体燃料与固体燃料相比较，具有热值高（石油产品热值为40000～48000kJ/kg，煤的热值为25000～33500kJ/kg）、灰分少、对环境污染小及输送使用方便等优点，因而广泛用于国民经济各个部门。世界各国的发展不仅对液体燃料（特别是发动机燃料）的数量要求日益增加，而且对质量也提出了更高的要求。提高燃料的质量，可以提高发动机的效率，延长设备使用年限，降低燃料消耗，减少废气对环境的污染。

4.3.1.1 汽油

汽油主要用于汽化器式发动机或点燃式发动机（简称汽油机），是小轿车、摩托车、载重汽车、快艇、小型发电机和螺旋桨式飞机等的燃料。国产车用汽油主要的质量要求有以下四个方面。

（1）有良好的蒸发性

馏程和蒸气压是评价汽油蒸发性能的指标。汽油的馏程用恩氏蒸馏装置（图4-1）进行测定。要求测出汽油的初馏点、10%、50%、90%馏出温度和终馏点，各点温度与汽油使用性能关系十分密切。

汽油的初馏点和10%馏出温度反映汽油的启动性能，此温度过高，发动机不易启动。50%馏出温度反映发动机的加速性和平稳性，此温度过高，发动机不易加速，当行驶中需要加大油门时，汽油就会来不及完全燃烧，致使发动机不能发出应有的功率。90%馏出温度和终馏点反映汽油在气缸中蒸发的完全程度，这个温度过高，说明汽油中重组分过多，使汽油汽化燃烧不完全。这不仅增大了汽油耗量，使发动机功率下降，而且会造成燃烧室中结焦和积炭，影响发动机正常工作，另外还会稀释、冲掉气缸壁上的润滑油，增加机件的磨损。

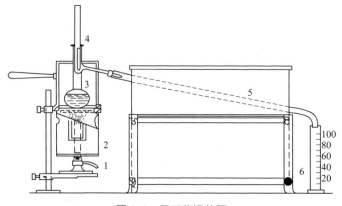

图4-1　恩氏蒸馏装置
1—喷灯；2—挡风板；3—蒸馏瓶；4—温度计；5—冷凝器；6—接受器

汽油的蒸气压也称饱和蒸气压，是指汽油在某一温度下形成饱和蒸气所具有的最高压力，需要在规定仪器中进行测定，汽油标准中规定了其最高值。汽油的蒸气压过大，说明汽油中轻组分太多，在输油管路中就会蒸发，形成气阻，中断正常供油，致使发动机停止运行。

（2）有良好的抗爆性

抗爆性表明汽油在气缸中的一种燃烧性能，是汽油的重要使用性能之一。

汽油机的热功效率与它的压缩比直接有关。所谓压缩比是指活塞移动到下死点时气缸的容积与活塞移动到上死点时气缸容积的比值。压缩比大，发动机的效率和经济性就好，但要求汽油有良好的抗爆性。抗爆性差的汽油在压缩比高的发动机中燃烧，则出现气缸壁温度猛烈升高，发出金属敲击声，排出大量黑烟，发动机功率下降，耗油增加，即发生所谓的爆震燃烧。所以，汽油机的压缩比与燃料的抗爆性要匹配，压缩比高，燃料的抗爆性就要好。

汽油机产生爆震的原因主要有两个。一是与燃料性质有关。如果燃料很容易氧化，形成的过氧化物不易分解，自燃点低，就很容易产生爆震现象。二是与发动机工作条件有关。如果发动机的压缩比过大，气缸壁温度过高，或操作不当，都易引起爆震现象。

汽油的抗爆性用辛烷值表示。汽油的辛烷值越高，其抗爆性越好。辛烷值分马达法和研究法两种。马达法辛烷值（MON）表示重负荷、高转速时汽油的抗爆性；研究法辛烷值（RON）表示低转速时汽油的抗爆性。同一汽油的MON低于RON。除此之外，一些国家还采用抗爆指数来表示汽油的抗爆性，抗爆指数为MON和RON的平均值。我国车用汽油的商品牌号是以辛烷值来划分的，其中车用汽油（Ⅵ）用RON值分为89号、92号、95号和98号四个牌号（GB 17930—2016）。

在测定车用汽油的辛烷值时，人为选择了两种烃作标准物：一种是异辛烷（2，2，4-三甲基戊烷），它的抗爆性好，规定其辛烷值为100；另一种是正庚烷，它的抗爆性差，规定其辛烷值为0。在相同的发动机工作条件下，如果某汽油的抗爆性与含80%异辛烷和20%正庚烷的混合物的抗爆性相同，此汽油的辛烷值即为80。汽油的辛烷值需用特定仪器测定。

汽油的抗爆性与其化学组成和馏分组成有关。在各类烃中，正构烷烃的辛烷值最低，环烷、烯烃次之，高度分支的异构烷烃和芳香烃的辛烷值最高。各族烃类的辛烷值随分子量增大、沸点升高而减小。

不同压缩比的汽油机应选用不同牌号的汽油。汽油机压缩比与所要求汽油辛烷值的关系见表4-3。

表4-3 不同压缩比汽油机对汽油辛烷值的要求

汽油机的压缩比	＜7.0	＞8.0
所用汽油的最低辛烷值（MON）	75	88

提高汽油辛烷值的途径有以下几种。

① 改变汽油的化学组成，增加异构烷烃和芳香烃的含量。这是提高汽油辛烷值的根本方法，可以采用催化裂化、催化重整、异构化等加工过程来实现。

② 加入少量提高辛烷值的添加剂，即抗爆剂。最常用的抗爆剂是四乙基铅。由于此抗爆剂有剧毒，所以已经被无铅添加剂取代。

③ 加入其他的高辛烷值组分，如含氧有机化合物醚类及醇类等。这类化合物常用的有甲醇、乙醇、叔丁醇、甲基叔丁基醚（MTBE）等，其中甲基叔丁基醚在近些年来更加引起人们的重视。MTBE不仅单独使用时具有很高的辛烷值（RON为117，MON为101），掺入其他汽油中可使其辛烷值大大提高，而且在不改变汽油基本性能的前提下，可改善汽油的某些性质，因而在国内外发展很快。

（3）有良好的安定性

汽油的安定性一般是指化学安定性，它表明汽油在储存中抵抗氧化的能力。安定性好的汽油储存几年都不会变质，安定性差的汽油储存很短的时间就会变质。

汽油的安定性与其化学组成有关，如果汽油中含有大量的不饱和烃，特别是二烯烃，在贮存和使用过程中，这些不饱和烃极易被氧化，汽油颜色变深，生成黏稠胶状沉淀物即胶质。这些胶状物沉积在发动机的油箱、滤网、汽化器等部位，会堵塞油路，影响供油；沉积在火花塞上的胶质在高温下形成积炭而引起短路；沉积在气缸盖、气缸壁上的胶质形成积炭，使传热恶化，引起表面着火或爆震。总之，使用安定性差的汽油，会严重破坏发动机的正常工作。改善汽油安定性的方法通常是在适当精制的基础上添加一些抗氧化添加剂。

在车用汽油的规格指标中用实际胶质（在规定条件下测得的发动机燃料的蒸发残留物）和诱导期（在规定的加速氧化条件下，油品处于稳定状态所经历的时间周期）来评价汽油的安定性。一般地，实际胶质含量越少、诱导期越长，则汽油安定性越好。

（4）无腐蚀性

汽油的腐蚀性说明汽油对金属的腐蚀能力。汽油的主要组分是烃类，任何烃对金属都无腐蚀作用。但若汽油中含有一些非烃杂质，如硫及含硫化合物、水溶性酸及碱、有机酸等，都对金属有腐蚀作用。

评定汽油腐蚀性的指标有酸度、硫含量、铜片腐蚀、水溶性酸及碱等。酸度指中和100mL油品中酸性物质所需的氢氧化钾（KOH）毫克数，单位为mg KOH/100mL。铜片腐蚀是用铜片直接测定油品中是否存在活性硫的定性方法。水溶性酸及碱是在油品用酸碱精制后，因水洗过程操作不良残留在汽油中的可溶于水的酸性或碱性物质。成品汽油中应不含水溶性酸及碱。

国产车用汽油的主要质量标准见表4-4。

表4-4 国产车用汽油（ⅥA）的技术要求

项目		质量指标		
		89号	92号	95号
马达法辛烷值（MON）	不小于	/	/	/
研究法辛烷值（RON）	不小于	89	92	95
抗爆指数（MON+RON）/2	不小于	84	87	90
铅含量/（g/L）	不大于	0.005		
10%蒸发温度/℃	不高于	70		
50%蒸发温度/℃	不高于	110		
90%蒸发温度/℃	不高于	190		
终馏点	不高于	205		
残留量（体积分数）/%	不大于	2		
蒸气压（11月1日～4月30日）/kPa		45～85		
蒸气压（5月1日～10月31日）/kPa		40～65		
胶质含量/（mg/100mL）未洗胶质含量（加入清净剂前）	不大于	30		
胶质含量/（mg/100mL）溶剂洗胶质含量	不大于	5		
诱导期/min	不小于	480		
硫含量/（mg/kg）	不大于	10		
铜片腐蚀（50℃，3h）/级	不大于	1		
水溶性酸及碱		无		
苯含量（体积分数）/%	不大于	0.8		
机械杂质及水分		无		
硫醇（博士试验）		通过		

注：此表选自GB 17930—2016。

航空汽油是螺旋桨式飞机的燃料，质量要求与车用汽油相似，但因飞机在高空飞行，工作条件苛刻，所以航空汽油的质量要求比车用汽油更高。

航空汽油的抗爆性用辛烷值和品度值两个指标表示。辛烷值表示飞机在巡航时，发动机在贫混合气（过剩空气系数为0.8～1.0）下工作时汽油的抗爆性，品度值表示飞机在起飞和爬高飞行时，发动机在富混合气（过剩空气系数为0.6～0.65）下工作时汽油的抗爆性。辛烷值和品度值的测定方法是不同的。

航空活塞式发动机燃料根据马达法辛烷值不同分为75号、UL91号、95号、100号和100LL号五个牌号，其中"UL"代表无铅，"LL"代表低铅。

航空汽油也要求有适当的蒸发性、良好的安定性和抗腐蚀性；同时，还要求具有较高的发热值以保证飞机飞行时间长、续航里程远。航空汽油的安定性用实际胶质和碘值来评价。碘值表示汽油中不饱和烃的含量，碘值愈大，汽油中不饱和烃含量愈多，则其安定性愈差。

国产航空汽油的部分质量指标见表4-5。

表4-5 航空活塞式发动机燃料的部分技术要求

项目		质量指标		
		75号	95号	100号
辛烷值（MON），不小于		75.0	95.0	99.6
品度，不小于		—	130	130
四乙基铅含量/（g/kg），不大于		—	3.2	2.4
净燃值/（MJ/kg），不小于		—	43.5	43.5
馏程/℃	初馏点，不低于	40	40	报告
	10%馏出温度，不高于	80	80	75
	40%馏出温度，不高于	—	—	75
	50%馏出温度，不高于	105		
	90%馏出温度，不高于	145	145	135
	终馏点，不高于	180	180	170
损失量（体积分数）/%，不大于		1.5		
残留量（体积分数）/%，不大于		1.5		
蒸气压/kPa		27.0～48.0	27.0～48.0	38.0～49.0
酸度（以KOH计）/（mg/100mL），不高于		1.0	1.0	—
冰点/℃，不大于		−58.0		
硫含量/%，不大于		0.05		
铜片腐蚀（100℃，2h）/级，不大于		1		
水溶性酸及碱		无		
机械杂质及水分		无		

注：此表选自GB 1787—2018。

4.3.1.2 柴油

柴油是压燃式发动机（简称柴油机）的燃料，与汽油机相比，柴油机的热功效率高，燃料比消耗低，比较经济，因而在我国应用很广泛。它主要用作载重汽车、大轿车、拖拉机、船舶、铁路内燃机车等的动力。

按照柴油机的类别，柴油分为轻柴油和重柴油。前者用于1000r/min以上的高速柴油机；后者用于500～1000r/min的中速柴油机和小于500r/min的低速柴油机。由于使用条件的不同，对轻重柴油制定了不同的标准，现以轻柴油为例说明其质量指标。

轻柴油按凝点分为5、0、−10、−20、−35、−50六个牌号，对轻柴油的主要质量要求有以下几个方面。

（1）有良好的燃烧性能

① 抗爆性。柴油机在运转中也会发生类似汽油机的爆震现象，使发动机功率下降，机件受损，但产生爆震的原因与汽油机完全不同。汽油机的爆震是由于燃料太容易氧化，自燃点太低；而柴油机的爆震是由于燃料不易氧化，自燃点太高。因此，汽油机要求自燃点高的燃料，而柴油机要求自燃点低的燃料。

柴油的抗爆性用十六烷值表示。十六烷值高的柴油，表明其抗爆性好。同汽油类似，在测定柴油的十六烷值时，也人为地选择了两种标准物：一种是正十六烷，它的抗爆性好，将其十六烷值定为100；另一种是α-甲基萘，它的抗爆性差，将其十六烷值定为0。在相同的发动机工作条件下，如果某柴油的抗爆性与含45%正十六烷和55%α-甲基萘的混合物相同，此柴油的十六烷值即为45。

柴油的抗爆性与所含烃类的自燃点有关，自燃点低不易发生爆震。在各类烃中，正构烷烃的自燃点最低，十六烷值最高，烯烃、异构烷烃和环烷烃居中，芳香烃的自燃点最高，十六烷值最低。所以含烷烃多、芳烃少的柴油的抗爆性能好。

各族烃类的十六烷值随分子中碳原子数增加而增高，这也是柴油通常要比汽油分子大（重）的原因之一。柴油的十六烷值并不是越高越好，如果柴油的十六烷值很高（如60以上），由于自燃点太低，滞燃期太短，容易发生燃烧不完全，产生黑烟，使得耗油量增加，柴油机功率下降。不同转速的柴油机对柴油十六烷值要求不同，两者相应的关系见表4-6。

表4-6 不同转速柴油机对柴油十六烷值的要求

柴油机转速/(r/min)	要求柴油的十六烷值
<1000	35～40
1000～1500	40～45
>1500	45～60

② 蒸发性。柴油的蒸发性能影响其燃烧性能和发动机的启动性能，其重要性不亚于十六烷值。馏分轻的柴油启动性好，易于蒸发和迅速燃烧，但馏分过轻，自燃点高，滞燃期长，会发生爆震现象。馏分过重的柴油，由于蒸发慢，会造成不完全燃烧，燃料消耗量增加。

柴油的蒸发性用馏程和残炭来评定。不同转速的柴油机对柴油馏程要求不同，高转速的柴油机，对柴油馏程要求比较严格。国标中规定了50%、90%和95%的馏出温度，对低转速的柴油机没有严格规定柴油的馏程，只限制了残炭量。

（2）有良好的低温性能

柴油的低温性能对于在露天作业，特别是在低温下工作的柴油机的供油性能有重要影响。当柴油的温度降到一定程度时，其流动性就会变差，可能有冰晶和蜡结晶析出，堵塞过滤器，减少供油，降低发动机功率，严重时会完全中断供油。低温也会给柴油的输送、储存等带来困难。

国产柴油的低温性能主要以凝点来评定，并以此作为柴油的商品牌号，例如0号、-10号轻柴油，分别表示其凝点不高于0℃、-10℃。凝点低表示其低温性能好。国外采用浊点、倾点或冷滤点来表示柴油的低温流动性。通常使用柴油的浊点比使用温度低3～5℃，凝点比环境温度低5～10℃。

柴油的低温性取决于化学组成。馏分越重，其凝点越高。含环烷烃或环烷-芳香烃多的柴油，其浊点和凝点都较低，但其十六烷值也低。含烷烃特别是正构烷烃多的柴油，浊点和凝点都较高，十六烷值也高。因此从燃烧性能和低温性能上看，有人认为，柴油的理想组分是带一个或两个短烷基侧链的长链异构烷烃，它们具有较低的凝点和足够的十六烷值。

我国大部分原油含蜡量较多，其直馏柴油的凝点一般都较高。改善柴油低温流动性能的主要途径有三种：①脱蜡。柴油脱蜡成本高而且收率低，在特殊情况下才采用；②调入二次加工柴油；③添加低温流动改进剂。向柴油中加入低温流动改进剂，可防止、延缓石蜡形成网状结构，从而使柴油凝点降低。此种方法较经济且简便，因此采用较多。

（3）有合适的黏度

柴油的供油量、雾化状态、燃烧情况和高压油泵的润滑等都与柴油黏度有关。柴油黏度过大，油泵抽油效率下降，减少供油量，而且雾化不良，燃烧不完全，耗油增加，发动机功率下降。黏度过小，雾化及蒸发良好，但与空气混合不均匀，同样燃烧不完全，发动机功率下降，作为输送泵和高压油泵的润滑剂，润滑效果变差，造成机件磨损。所以，要求柴油的黏度在合适的范围内。

除了上述几项质量要求外，对柴油也有安定性、腐蚀性等方面的要求，同汽油类似。表4-7为国产车用柴油（Ⅵ）的部分主要质量指标。

表4-7 车用柴油（Ⅵ）的部分技术要求

项目		质量指标					
		5号	0号	-10号	-20号	-35号	-50号
多环芳烃含量（质量分数）/%	不大于	7					
校正磨痕直径（60℃）/μm		460					
氧化安定性（以总不溶物计）/(mg/100mL)	不大于	2.5					
脂肪酸甲酯含量（体积分数）/%		1.0					
硫含量/(mg/kg)		10					
总污染物含量/(mg/kg)		24					
水含量（体积分数）/%		痕迹					
酸度（以KOH计）/(mg/100mL)	不大于	7					
10%蒸余物残炭（质量分数）/%	不大于	0.3					
灰分/%（质量分数）	不大于	0.01					
铜片腐蚀（50℃，3h）/级	不大于	1					
运动黏度（20℃）/(mm²/s)		3.0～8.0		2.5～8.0		1.8～7.0	
凝点/℃	不高于	5	0	-10	-20	-35	-50
冷滤点/℃	不高于	8	4	-5	-14	-29	-44
闪点（闭口杯法）/℃	不低于	60		50		45	
十六烷值	不小于	51		49		47	
馏程	50%馏出温度/℃	不高于	300				
	90%馏出温度/℃		355				
	95%馏出温度/℃	不高于	365				
密度（20℃）/(kg/m³)		810～845			790～840		

注：此表选自GB 19147—2016/XG1—2018。

柴油中除了轻、重柴油外，还有农用柴油，主要用于拖拉机和排灌机械，质量要求较低；一些专用柴油，如军用柴油，要求其具有很低凝点，如-35℃、-50℃以下等。

4.3.1.3 喷气燃料

喷气燃料（又称航空煤油，简称航煤）是喷气式发动机的燃料，与活塞式发动机（用航空汽油）相比，喷气发动机具有飞行速度大及飞行高度高的显著特点，而且热效率高、耗油少、燃料成本低及来源广泛等，在军用和民用上都得到了广泛的应用，使喷气燃料的消耗量迅速增加。

根据喷气发动机的工作特点，对喷气燃料主要有以下几个质量要求。

（1）良好的燃烧性能

喷气发动机是在高空中长时期工作的，要求燃料能够连续进行雾化、蒸发，迅速、平稳、完全地燃烧，积炭少。与此有关的性质主要有以下几种。

① 热值和密度。喷气式飞机的速度快，续航里程远，发动功率大，但油箱体积有限，所以要求燃料具有较高的热值。

热值是指单位质量或体积燃料完全燃烧所放出的热量，分为重量热值（kJ/kg）和体积热值（kJ/m^3）两种。喷气燃料的重量热值愈高，耗油率愈小；燃料的体积热值愈高，油箱中装油数量多，飞机的航程愈远。

喷气燃料的热值与其化学组成和馏分组成有关。含氢多的燃料重量热值就高，而密度大的燃料其体积热值较高。所以，在各类烃中，重量热值的大小顺序为：烷烃＞环烷烃＞芳香烃。而密度和体积热值与之相反：芳香烃＞环烷烃＞烷烃。在同一类烃中，异构程度增加，重量热值一般保持不变，但密度却有所增加。此外，对同一族烃，随着沸点的升高，密度增加，体积热值增加，但重量热值却减少。因此，综合考虑重量热值和体积热值，喷气燃料的理想组分是带侧链的环烷烃和异构烷烃，馏分组成是煤油型的。在国产喷气燃料的质量标准中同时规定了重量热值和密度。

② 雾化和蒸发性能。喷气发动机中燃料的雾化对燃烧的完全程度有重大影响。与雾化性能直接有关的是燃料的黏度。黏度过大，喷入发动机的油滴大，喷射角小而射程远，雾化不良，燃烧不完全、不平稳，使发动机功率下降。黏度过小，喷油的角度大而射程近，燃烧的火焰短而宽，易引起局部过热。所以在国家标准中对喷气燃料的黏度有一定的要求。

燃料的蒸发性能对燃料的启动性、燃烧完全程度和蒸发损失影响很大。蒸发性能好的燃料，与空气迅速形成均匀的混合气，燃烧完全，耗油少，容易启动。如果燃料过重蒸发性能差，未蒸发的燃料受热分解形成积炭。在各类烃中，烷烃的燃烧完全程度最好，环烷烃次之，芳香烃最差；环数愈多，燃烧愈不完全。所以要限制喷气燃料中芳香烃尤其是双环芳香烃的含量。煤油型的喷气燃料用馏程的10%馏出温度表示蒸发的难易程度，用90%点控制重组分含量。宽馏分型的喷气燃料同时还用饱和蒸气压控制其蒸发性。

③ 积炭性能。喷气燃料在燃烧过程中生成积炭，会造成一系列不良后果，电火花器上的积炭会导致点不着火；燃烧室壁上的积炭会使热传导恶化，局部过热，筒壁变形，甚至破裂等。所以要求喷气燃料在正常燃烧时生成积炭的倾向应尽可能小。

燃料的积炭性能与其组成密切相关。各族烃中，芳香烃特别是双环芳香烃形成积炭的倾向最大。因此在国产喷气燃料的规格标准中规定双环芳香烃（萘系烃）含量不能大于3%。此外，馏分变重、不饱和烃含量增加、胶质含量高或含硫化合物的存在，都会使生成积炭的倾向增大。

喷气燃料的积炭性能用烟点（无烟火焰高度）和辉光值表示。

烟点是在规定条件下，油品在标准灯中燃烧时，不冒烟火焰的最大高度，单位是毫米。烟点愈高，燃料生成积炭的倾向愈小。含芳烃低的燃料烟点高，积炭可能性小，国家标准规定喷气燃料的烟点不得小于25mm。

辉光值表示燃料燃烧时火焰的辐射强度。辉光值愈高，火焰辐射强度愈小，燃烧愈完全。各类烃辉光值的大小依次为：烷烃＞单环环烷＞双环环烷＞芳香烃。国家标准规定喷气燃料的辉光值不得小于45。

（2）良好的低温性能

喷气式飞机大多在一万米以上的空中飞行，气温低达-50℃以下，因此要求喷气燃料具有较低的冰点（或结晶点），否则，结晶的析出会堵塞滤清器和油路，影响正常供油，严重时中断供油，引起飞行事故。

燃料的低温性能或冰点与其化学组成和含水量有关。各类烃中，正构烷烃和芳香烃的冰点较高，环烷烃和烯烃的冰点较低，同族烃中，随沸点升高，冰点增高。如燃料中溶解有水，低温时水结成冰，也会使燃料的低温性能变坏。芳香烃特别是苯对水的溶解度最大，环烷烃次之，烷烃最小。所以从降低冰点的角度，也需要限制喷气燃料中芳香烃的含量。国家标准中规定芳香烃含量不能大于20%。

改善喷气燃料的低温性能的方法有：热空气加热燃料和过滤器，加入防冰添加剂等。

（3）良好的润滑性能

喷气发动机的高压燃料油泵是以燃料本身作为润滑剂的，燃料还作为冷却剂带走摩擦产生的热量。因此要求喷气燃料具有良好的润滑性能。

喷气燃料的润滑性能取决于其化学组成，烃类中以单环或多环环烷烃的润滑性能最好。此外，直馏喷气燃料中某些微量的极性非烃化合物，如环烷酸、酚类以及某些含硫和含氧化合物，它们具有较强的极性，容易吸附在金属表面上，降低了金属间的摩擦和磨损，具有良好的润滑性能。但同时这些非烃化合物也影响了喷气燃料的燃烧性和安定性等，因此常采用精制的方法将它们除去。

改善喷气燃料润滑性能的途径主要是加入少量抗摩剂或加入一定量的直馏喷气燃料组分等。

（4）良好的防静电性

喷气发动机的耗油量很大，每小时达几吨到几十吨。为节省时间，机场采用高速加油。在高速输油时，燃料与管壁、注油设备等剧烈摩擦产生静电。所以从安全角度考虑，喷气燃料应具有良好的防静电性。

由于燃料本身的导电率较低，需要提高喷气燃料的导电性，常采用的方法是添加很少量的防静电添加剂。

除此之外，还要求喷气燃料有良好的安定性及洁净度、不腐蚀金属等。

国产喷气燃料有五种，代号分别为RP-1、RP-2、RP-3、RP-4和RP-5，"R"代表燃料类，"P"代表喷气燃料。其中RP-1、RP-2已经停产；RP-3是较重煤油型，其馏程为140～260℃，用于高速大型飞机，主要用于国际民航和外贸出口；RP-4是宽馏分型，馏程为60～280℃，主要用于亚音速飞机；RP-5是重煤油型（或大密度型）、高闪点喷气燃料，专供舰载飞机用。国产喷气燃料RP-3的部分质量指标如表4-8所示。

表4-8 RP-3喷气燃料的部分技术要求

项目			质量指标
密度(20℃)/(kg/m³)			775～830
馏程	初馏点/℃		报告
	10%回收温度/℃	不高于	205
	20%回收温度/℃		报告
	50%回收温度/℃	不高于	232

续表

项目			质量指标
馏程	90%回收温度/℃		报告
	终馏点/℃	不高于	300
残留量及损失量(体积分数)/%		不大于	1.5
闪点(闭口)/℃		不低于	38
运动黏度/(mm²/s)	20℃	不小于	1.25
	-20℃	不大于	8.0
冰点/℃		不高于	-47
芳香烃含量（体积分数）/%		不大于	20.0
烟点/mm		不小于	25
总酸值（以KOH计）/(mg/g)		不大于	0.015
总硫(质量分数)/%		不大于	0.20
净热值/(MJ/kg)		不小于	42.8
胶质含量/(mg/100mL)		不大于	7

注：此表选自 GB 6537—2018。

4.3.1.4 燃料油

燃料油（又叫重油）主要用作船舶锅炉、冶金炉、加热炉和其他工业炉燃料，一般是由直馏渣油和裂化残油等制成的。所以燃料油的组成特点是含有大量的非烃化合物，胶质、沥青质多，而且黏度大。

各种锅炉和工业炉的燃料系统工作过程大体相同，即抽油、过滤、预热、喷入炉膛和燃烧等。所以对燃料油的质量要求不像对内燃机燃料那样严格。主要质量要求有：黏度、闪点、凝点、硫含量等。

黏度是燃料油最重要的质量指标，它直接影响着油泵、喷油嘴的工作效率和燃料消耗量。黏度适宜，在一定的预热温度和合适的喷嘴条件下喷油状况好，雾化良好，燃烧完全，热效率高。不同类型的喷嘴使用不同黏度的燃料油。

燃料油的闪点主要是用来评定安全防火性能。为了避免火灾，燃料油的预热温度不要过高，燃料油的闪点要符合要求。

燃料油的凝点是保证贮运和使用中流动性的指标，可以作为燃料油在不预热情况下能够输送温度的参考。

硫含量是评定燃料油在使用过程中对金属设备腐蚀性能的指标。为了防止金属设备被腐蚀，还应保证燃烧废气排出温度不低于其露点温度。除腐蚀金属设备外，含硫燃料油的燃烧废气排入大气，会污染环境，影响人体健康，所以要求燃料油的硫含量不得大于 1%～3%。

船用燃料油可以分为 D 组（馏分燃料）和 R 组（残渣燃料）两大类。其中馏分燃料分为 DMX、DMA、DMZ 和 DMB 4 种；残渣燃料分为 RMA、RMB、RMD、RME、RMG 和 RMK 6 种。表 4-9 为船用馏分燃料油的部分主要技术要求。

表4-9 船用馏分燃料油的部分主要技术要求

项目		质量指标			
		DMX	DMA	DMZ	DMB
运动黏度(40℃)/(mm²/s)	不大于	5.500	6.000	6.000	11.00
	不低于	1.400	2.000	3.000	2.000
闪点(闭口)/℃	不低于	60	60	60	60
酸值(以KOH计)/(mg/g)	不大于	0.5	0.5	0.5	0.5
灰分(质量分数)/%	不大于	0.010	0.010	0.010	0.010
水分(体积分数)/%	不大于	—	—	—	0.30
硫化氢/(mg/kg)	不大于	2.00	2.00	2.00	2.00
十六烷指数	不低于	45	42	40	40

注：此表选自 GB 17411—2015/XG1—2018。

4.3.2 蜡、沥青和石油焦

4.3.2.1 蜡

蜡是炼油工业的副产品之一。在生产润滑油过程中，为使润滑油凝点合格，需要进行脱蜡，得到的蜡膏经进一步的脱油和精制，即得到一定熔点的成品蜡。按组成和性质不同，蜡又分为石蜡和地蜡两大类。

因加工深度不同，石蜡产品有全精炼石蜡（精白蜡）、半精炼石蜡（白石蜡）、粗石蜡（黄石蜡）和食品用石蜡等几个系列。其中精白蜡适用于高频瓷、复写纸、铁笔蜡纸、精密铸造、冷霜等产品；白石蜡适用于蜡烛、蜡笔、蜡纸、电讯器材及轻工、化工原料；黄石蜡适用于橡胶制品、火柴等工业原材料；食品用蜡分为食品石蜡和食品包装石蜡两种，前者用作食品、药物的组分，后者用于接触食品和药物的包装。

国产石蜡以熔点作为商品牌号，种类较多。其中熔点高于60℃的为高熔点石蜡，主要用于制造无线电器材和商品包装纸等。表4-10为半精炼石蜡部分牌号的技术要求。

表4-10 半精炼石蜡的技术要求

项目		质量指标					
		46号	48号	50号	52号	54号	56号
熔点/℃	不低于	46	48	50	52	54	56
	低于	48	50	52	54	56	58
含油量(质量分数)/%	不大于	2.0					
颜色/赛波特颜色号	不小于	+20					
光安定性/号	不大于	6					
针入度(25℃,100g)/(1/10mm)	不大于	35			23		
嗅味/号	不大于	2					
机械杂质及水分		无					
水溶性酸及碱		无					

注：此表选自 GB/T 254—2022。

地蜡具有较高的熔点和细微的针状结晶，广泛用于制造高级蜡纸、绝缘材料、密封材料和高级凡士林等的原料。地蜡以滴点作为商品牌号，部分国产地蜡的质量规格见表4-11。

表4-11 提纯地蜡的规格标准

项目		质量标准		
		合格品		
		75号	80号	85号
滴熔点/℃	不低于	72	77	82
	低于	77	82	87
针入度（25℃，100g）/(1/10mm)	不大于	30	20	18
水溶性酸及碱		无		
运动黏度（100℃）/(mm²/s)		10～20		
含油量（质量分数）/%	不大于	5		
颜色/号	不大于	4.5		

注：此表选自SH/T 0013—1999。

4.3.2.2 沥青

石油沥青是主要的石油产品之一，是由原油蒸馏的减压渣油直接制得，也可将渣油（或经丙烷脱沥青所得的沥青质组分）经氧化而制得。沥青根据用途不同分为建筑沥青、道路沥青、专用沥青（如橡胶沥青、油漆沥青、电缆沥青等），其中道路沥青的用量最大。

沥青最主要的质量要求是软化点、针入度和延度。建筑沥青和道路沥青都是以针入度作为商品牌号的。

软化点表示沥青的耐热性能，用环球法测定，在规定条件下加热沥青试样，钢球从试样上面穿过，落到底板上时的温度称沥青的软化点。软化点越高，耐热性能越好。建筑沥青和防腐沥青等都要求高的软化点。

针入度反映沥青的软硬程度。在特定的仪器中，在一定的温度和时间内，加有100g负荷的特制针刺入沥青的深度叫针入度，单位是1/10mm。针入度愈大，沥青愈软。沥青用途不同，对针入度的要求也不同。如道路沥青要求高的针入度，以便与砂石黏结紧密；而防腐的专用沥青需要低的针入度，以免造成流失。

延度表示沥青的抗张性和塑性，在规定的仪器和温度下，用一定的拉伸速度和拉力将沥青试样拉成细丝，细丝断开时所拉开的距离叫沥青的延度，单位是厘米。道路沥青对延度的要求最高。几种国产道路石油沥青的质量标准见表4-12。

表4-12 几种国产道路石油沥青的质量指标

项目	质量标准				
	200号	180号	140号	100号	60号
针入度（25℃，100g）/(1/10mm)	200～300	150～200	110～150	80～110	50～80
延度（25℃）/cm，不低于	20	100	100	90	70
溶解度/%，不小于	99.0				
软化点/℃	30～48	35～48	38～51	42～55	45～58
闪点（开口）/℃，不低于	180	200	230		

注：此表选自NBSH/T 0522—2010。

4.3.2.3 石油焦

石油焦是一种固体焦炭，是各种渣油、沥青或重油在高温下（490～550℃）分解、缩合、焦化后而制得的，是焦化过程所特有的产品。

国产石油焦包括普通石油焦（生焦）和石油针状焦（生焦）。普通石油焦（生焦）按灰分和硫含量的大小及用途分为1号、2A、2B、2C、3A、3B、3C。普通石油焦（生焦）1号主要适用于炼钢工业中制作普通功率石墨电极，也适用于炼铝工业中制作铝用炭素；2A、2B、2C主要适用于炼铝工业中制作铝用炭素；3A、3B、3C主要适用于制作碳化硅、工业硅炼铝工业中制作铝用炭素等。

石油针状焦（生焦）按热膨胀系数和硫含量的大小分为1号、2号和3号。1号石油针状焦（生焦）主要适用于制作超高、高功率石墨电极；2号、3号石油针状焦（生焦）主要适用于制作高功率石墨电极。1号、2号石油针状焦（生焦）也可适用于制作锂离子电池负极材料。

石油焦的主要质量要求是硫含量、挥发分、灰分等，特别是硫含量的大小直接影响着石油焦的质量。普通石油焦（生焦）的质量标准见表4-13。

表4-13 普通石油焦（生焦）的技术要求

项目		质量标准						
		1号	2A	2B	2C	3A	3B	3C
硫含量（质量分数）/%	不大于	0.5	1.0	1.5	1.5	2.0	2.5	3.0
挥发分（质量分数）/%	不大于	12.0	12.0	12.0	12.0	12.0	12.0	12.0
灰分（质量分数）/%	不大于	0.30	0.35	0.40	0.45	0.50	0.50	0.50
总水分（质量分数）/%		报告						
真密度（1300℃，5h下煅烧）/（g/cm³）	不小于	2.05	—	—	—	—	—	—
粉焦量（质量分数）/%	不大于	35	报告	报告	报告			

注：此表选自NB/SH/T 0527—2019。

4.3.3 国产溶剂油

溶剂油是对某些物质起溶解、稀释、洗涤和抽提作用的轻质石油产品，是用石油的直馏分油、催化重整抽余油或其他（再加工生产的）馏分油为基础油精制而成，不加任何添加剂。国产溶剂油有三种，即航空洗涤汽油、溶剂油和6号抽提溶剂油。其中，大部分溶剂油的馏分都很轻，是蒸发性很强的易燃品。

4.3.3.1 航空洗涤汽油

航空洗涤汽油主要用于清洗航空发动机中的精密机件，也可用于精密仪器仪表的清洗溶剂。航空洗涤汽油是一种宽馏分的直馏轻汽油，馏程范围是40～180℃，不含裂化馏分和四乙基铅。其主要质量要求是：蒸发性合适、无腐蚀性、清洁等。

4.3.3.2 溶剂油

在GB 1922—2006《油漆及清洗用溶剂油》中，油漆及清洗用溶剂油按产品馏程分为5个牌号，分别为1号（中沸点）、2号（高沸点、低终馏点）、3号（高沸点）、4号（高沸点、高闪点）和5号（煤油型）。高沸点溶剂油按照芳烃含量进一步分为3种类型：普通型，芳烃含量（体积分数）8%～22%；中芳型，芳烃含量（体积分数）2%～8%；低芳型，芳烃含量（体积分数）0%～2%。中沸点和煤油型分为中芳型和低芳型两种类型。

4.3.3.3　6号抽提溶剂油

6号抽提溶剂油主要用作植物油浸出工艺中的抽提溶剂。根据使用条件要求其必须对人体无害，很好地溶解油脂，方便与抽提物分离。因此，6号抽提溶剂油应是石油馏分加氢精制后的产品，不含芳香烃，绝对不含有剧毒的四乙基铅和有致癌作用的稠环化合物。其馏程范围是60～90℃。

4.3.4　润滑油

用于机械设备的润滑材料有多种多样，目前广泛应用的是以石油为原料制得的润滑油和润滑脂，其中尤以润滑油的用量为最大。

润滑油的主要作用是减轻机械设备在运转时的摩擦，这是因为它能够在两个相对运动的金属面间形成油膜，隔开接触面，使摩擦力较大的固体直接摩擦（即干摩擦）变为摩擦力小的润滑油分子间的摩擦，减轻摩擦表面的磨损，也降低了因摩擦消耗的功率损失；其次，润滑油还可以带走摩擦所产生的热量，防止机件因摩擦温度升高而发生变形甚至烧坏；此外，润滑油能冲洗掉磨损的金属碎屑以及进入摩擦表面间的灰尘、砂粒等杂质和隔绝腐蚀性气体，有保护金属表面的密封作用和减震作用。所以使用润滑油以后，不仅可以保证机械设备在高负荷或高速条件下运转，更可以延长设备的使用寿命。

为达到上述减轻摩擦等性能的要求，需使润滑油在两个摩擦面间能形成油膜，而油膜的形成又与摩擦表面的运动形式、负荷、相对运动速度以及润滑油的性质有关。因此，润滑油除应具有适当的黏度外，还应不易变质、无腐蚀作用，能安全使用等。

由于机械设备种类繁多，其结构和使用条件千差万别，对不同机械所用的润滑油也就有不同的质量要求。例如，对于负荷很重、运转速度较慢的机械，由于润滑油在两个摩擦面间不易形成油膜，因此应使用高黏度润滑油。反之，对于负荷很轻、转速快的机械，则润滑油易于在两个摩擦面间形成油膜，所以就不必使用高黏度的润滑油。因为低黏度润滑油分子间摩擦力小，易于流动，其减轻摩擦作用更好。

4.3.4.1　润滑油的分类

在GB/T 498—2014《石油产品及润滑剂 分类方法和类别的确定》中将石油产品分为五大类，其中第三类是润滑剂和有关产品（L类）。同时在GB/T 7631.1—2008《润滑剂、工业用油和有关产品（L类）的分类 第1部分：总分组》中根据润滑剂和有关产品的应用场合又将L类产品分成十八个组，如表4-14所示。

表4-14　L类产品具体分类

编号	品类	编号	品类
A	全损耗系统	N	电器绝缘
B	脱模	P	气动工具
C	齿轮	Q	热传导液
D	压缩机（包括冷冻机和真空泵）	R	暂时保护防腐蚀
E	内燃机油	T	汽轮机
F	主轴、轴承和离合器	U	热处理

编号	品类	编号	品类
G	导轨	X	用润滑脂的场合
H	液压系统	Y	其他应用场合
M	金属加工	Z	蒸汽气缸

国产工业用润滑油通常用50℃或100℃运动黏度进行分类。为了与国际标准一致，参照国际标准化组织的黏度分类方法（ISO 3448—1992）《工业液体润滑剂—ISO 黏度分类》，我国公布了工业用润滑油新的黏度分类标准。在新的分类标准中，工业用润滑油统一以40℃运动黏度为基础进行分类（参照GB/T 3141—1994）。

润滑油的品种繁多，对每种润滑油都根据它的使用条件制定了质量标准（详见石油及石油化工产品标准汇编）。以下就几种有代表性的润滑油和有关油品为例加以说明。

4.3.4.2 发动机润滑油

发动机润滑油在汽油机、柴油机、喷气发动机等内燃机中，起润滑、冷却、清洗、减震、密封和防锈作用，分别称为汽油机润滑油、柴油机润滑油和喷气机润滑油。它们都是减压馏分油经过深度精制并加有多种添加剂的优质润滑油，在润滑油中用量最大，约占一半。其主要的质量要求如下。

（1）合适的黏度和良好的黏温特性

发动机润滑油的使用温度变化较大，因此，要求其有合适的黏度。低温时黏度过高，发动机启动困难，部件磨损显著增加。高温时黏度过低，在摩擦表面不易形成油膜，机件得不到润滑，磨损增大，而且密封效果变差。国家标准中规定了发动机润滑油的黏度指数或黏度比。

（2）良好的抗氧化安定性

发动机润滑油的工作温度很高，有时润滑油还会窜到燃烧室中，在高温下发生燃烧，并发生氧化、裂化、缩合等反应，生成积炭。炭渣会卡住甚至烧坏活塞环，从而使气缸密封不严，也会增加设备磨损。所以，要求润滑油抗氧化安定性要好，一般在油中都加抗氧化添加剂。在国家标准中相应地规定了润滑油的残炭值及氧化安定性。

（3）良好的清净分散性

发动机润滑油的氧化是无法完全避免的，这就要求润滑油能及时沉淀氧化生成的胶状物和清洗掉炭渣，或者使它们分散悬浮在油品中，通过滤清器除掉，以保持活塞环等零件清洁，不易卡环等。国家标准中用清净性衡量润滑油的这一性能，它是在专门的仪器中测定的，从0到6分为七个等级，级数越高，清净性越差。国家标准中规定汽油机油的清净性不大于1.5级，通常是靠加入清净分散添加剂来达到的。

（4）腐蚀性小

润滑油的腐蚀作用主要由油品中酸性物质造成。这些酸性物质有些原来就存在，有些是氧化反应的产物。发动机润滑油应对一般轴承无腐蚀，而且对于极易被腐蚀的铜、铅、镉、银、锡、青铜等耐磨材料，也应无腐蚀作用。通常用酸值、水溶性酸及碱等表示润滑油腐蚀性的大小。提高抗腐蚀性的方法是加入抗氧防腐添加剂。

除上述外，还要求发动机润滑油抗泡沫性能好、闪点较高、凝点低等。发动机润滑油按性能可分为：汽油机油QA、QB、QC、QD、QE和QF；柴油机油CA、CB、CC和CD。

4.3.4.3 机械润滑油

凡用于机械润滑的油品统称为机械油。机械油分为两类：一类是专用机械油，如主轴油、织布机油、锭子油等；另一类是通用机械油（简称机械油），主要用于机床和机械的润滑。在此仅介绍通用机械油。通用机械油是由石油润滑油馏分，经脱蜡及精制，再加入相应的添加剂调配而成。由于其使用条件比较缓和，所以除要求有一定的黏度外，还要求不含机械杂质和水溶性酸及碱。国产机械油是按40℃运动黏度值进行分类的（见表4-15）。其中，5号和7号为高速机械油，主要用于润滑纺织机械中的纱锭及高速负荷机械等。10号～150号为一般通用机械油。

表4-15 几种机械油的主要质量指标

项目	质量指标				
	N5	N7	N10	N46	N150
运动黏度（40℃）/（mm²/s）	4.14～5.06	6.12～7.48	9.00～11.0	41.4～50.6	135～165
倾点/℃，不高于	-5				
水分，不高于	痕迹				
腐蚀试验（铜片，100℃，3h）/级，不大于	1				
水溶性酸及碱	无	无	无	无	无
酸值/（mgKOH/g），不大于	报告				
机械杂质/%，不大于	无	无	无	0.007	0.007
闪点（开口）/℃，不低于	80	110	130	160	180

注：此表选自GB/T 443—1989。

4.3.4.4 电器用油

电器用油包括变压器油、开关油、电容器油和电缆油等。这类油均不起润滑作用，而是作为绝缘介质和导热介质，所以也称电器绝缘油。因为其原料和生产工艺与润滑油相似，所以通常也包括在润滑油一类中。

变压器油用于变压器作为电绝缘和排热介质；电容器油用作电容器的浸渍剂；电缆油用作电缆绝缘层的绝缘剂等。由于用途不同，所以对电器用油的主要质量要求不是润滑性能而是电气性能。例如，对变压器油的质量要求是：①抗氧化安定性好，在热空气及电场作用下变质慢，使用时间长；②电气绝缘性好，评定的指标是耐电压（击穿电压）和介质损失角（表明变压器油在变压器运行中，受到交流电场的作用，引起部分电能的损失）；③低温流动性好；④高温安全性好，闪点高；⑤腐蚀性小。一些国产通用型变压器油的部分技术要求如表4-16所示。

表4-16 国产变压器油的部分重要技术要求

项目		质量指标		
最低冷态投运温度		0℃	-10℃	-20℃
外观		透明、无沉淀物和悬浮物		
密度（20℃）/（kg/m³）	不大于	895		
运动黏度/（mm²/s）	40℃，不大于	12		

续表

项目		质量指标		
运动黏度/(mm²/s)	-10℃，不大于	—	1800	—
	-30℃，不大于	—	—	—
倾点/℃	不高于	-10	-20	-30
闪点（闭口）/℃	不低于	135		
酸值（以KOH计）/(mg/g)	不大于	0.01		
水溶性酸及碱		无		
氧化安定性	氧化后油泥/%（质量分数），不大于	0.8		
	氧化后酸值/(mg KOH/g)，不大于	1.2		
	介质损耗因数，(70℃) 不大于	0.500		

注：此表选自 GB 2536—2011。

4.3.4.5 专用润滑油

专用润滑油的种类很多，主要有压缩机油、汽轮机油、冷冻机油及气缸油。这类润滑油的质量指标由于它们使用的机械设备条件不同，在规格上有不同的要求。例如压缩机油用于润滑压缩机的气缸、阀门及活塞杆密封处，由于润滑油直接与高温高压的空气接触，极易氧化变质，所以要求压缩机油具有较高的抗氧化安定性。汽轮机油用于各种汽轮机上，润滑和冷却汽轮机的轴承、齿轮箱、调速器以及液压系统，由于汽轮机油在使用过程中不可避免地要与水和蒸汽相接触，形成乳化液，破坏了油品的正常润滑作用，所以要求汽轮机油的抗乳化能力要强，评定的指标是破乳化时间，冷冻机油直接和冷冻机的低温部分接触起润滑和密封等作用，因此要求冷冻机油的低温性能要好，黏温性能较好。气缸油主要用于蒸汽机中气缸的润滑，它与蒸汽（馏和蒸汽或过热蒸汽）直接接触，因此要求其精度较大，有较高的附着力，以免被蒸汽和冷凝水冲刷掉。

国产压缩机油、汽轮机油、冷冻机油和气缸油均以运动黏度作为商品牌号。例如压缩机油和气缸油是以100℃时的运动黏度作为牌号的，汽轮机油和冷冻机油分别以50℃和40℃时的运动黏度作为牌号。

4.3.4.6 齿轮油

齿轮油一般分为工业齿轮油与汽车、拖拉机转动齿轮油，后者又可分为普通齿轮油与双曲线齿轮油。工业齿轮油主要用于各类工业机械，如轧钢机齿轮传动机的润滑。汽车、拖拉机齿轮油用于汽车、拖拉机的变速器、转向器和后桥齿轮箱的润滑。双曲线齿轮油用于高级轿车和越野汽车的双曲线齿轮传动装置的润滑。

由于这类润滑油使用在工作压力很高的齿轮传动装置上（一般齿轮的齿面压力高达2000～2500MPa，双曲线齿轮的齿面压力高达3000～4000MPa）。因此，要求齿轮油具有良好的润滑性能和抗磨损性能，以便在齿轮表面上形成牢固的油膜，保证正常的润滑和减少磨损，此外，齿轮油还应具有低的凝点，以保证机械设备在低温下运转，这对汽车、拖拉机在低温下启动尤为重要。表4-17为L-CKB工业齿轮油的部分主要技术要求。

表4-17 L-CKB工业齿轮油的部分主要技术要求

项目	质量指标			
黏度等级	100	150	220	320
运动黏度(40℃)/(mm²/s)	90.0～110	135～165	198～242	288～352
黏度指数,不低于	90			
闪点(开口)/℃,不低于	180		200	
倾点/℃,不高于	−8			
机械杂质(质量分数)/%,不大于	0.01			

注：此表选自 GB 5903—2011。

4.3.4.7 液压油

液压油主要用作各类液压机械的传动介质，如机床给进机构的调速、主轴传动，汽车的制动、变速机构以及农用机械、矿山机械等都需使用液压油。此外液压油还应具有润滑、冷却和防锈作用，因此对液压油性能的基本要求是：①黏度合适，黏温性能和润滑性能良好；②抗氧化安定性好，油品使用寿命长；③防腐蚀性好，抗乳化和泡沫性好；④抗燃性好等。

国产普通液压油40℃运动黏度中心值分为五个种类，主要应用于环境温度0℃以上各种精密机床的液压和液压导轨系统的润滑。表4-18为部分L-HL抗氧防锈液压油的相关技术要求。

表4-18 L-HL抗氧防锈液压油的主要质量指标

项目	质量指标		
黏度等级	32	46	68
运动黏度(40℃)/(mm²/s)	28.8～35.2	41.4～50.6	61.2～74.8
黏度指数,不小于	80		
闪点(开口)/℃,不低于	175	185	195
倾点/℃,不高于	−6		
机械杂质/%	无		
水分(质量分数)/%	痕迹		

注：此表选自 GB 11118.1—2011。

4.3.5 润滑脂

润滑脂是一种半固体（或半流动）状的可塑性润滑材料，它是石油产品的一大类，也是润滑剂的一个重要组成部分。

润滑脂与润滑油的生产过程不同，性质不同，在使用方面润滑脂有以下优点。

① 润滑脂不易流失，不需要经常添加，因此在降低维修和润滑费用的前提下能保证可靠的润滑。

② 润滑脂减震性强，并能减小噪声。

③ 润滑脂能比较牢固地保持在摩擦表面，起到密封、保护、防腐等作用。

④ 润滑脂的使用温度范围较宽，能在苛刻的条件如高温、高压、低转速高负荷下使用。

⑤ 润滑脂的使用工作场面干净卫生，没有滴油和溅油现象。

由于润滑脂具有上述优点，所以其用途很广，凡是润滑油不能或不能合理使用的情况下都可以使用润滑脂。但是，由于润滑脂没有流动性，导热系数很小，没有冷却和清洗作用，摩擦阻力较润滑油大，更换润滑脂时比较麻烦等，因此润滑脂不能完全取代液态的润滑油。

4.3.5.1 润滑脂的分类和组成

（1）分类

润滑脂有多种分类法，按基础油分，如石油基润滑脂和合成油润滑脂；按使用性能分，如减摩润滑脂、防护润滑脂、密封润滑脂和增摩润滑脂；按某特性分，如高温润滑脂和低温润滑脂；但较普遍采用的且国家标准中都是按稠化剂组成分，如皂基脂、烃基脂、无机脂和有机脂。

（2）组成

润滑脂的基本组成是基础油、稠化剂和添加剂、填料等。一般润滑脂中，约含基础油 75%～95%，稠化剂 10%～20%，添加剂仅占百分之几。

① 基础油。基础油即液态润滑油，其性质直接影响润滑脂的润滑性能。例如，用于低温、轻负荷、高转速机械的润滑脂，应选用黏度较小、黏温性质好、凝点低的润滑油；用于中等温度、中等负荷和中速机械的润滑脂，可用不同牌号的机械油；对于高温、高负荷机械用脂，应用重质润滑油。润滑油的黏度对润滑脂的软硬程度（稠度）有较大影响，黏度过大，稠化剂在其中扩散慢，使润滑脂稠度变小，容易析出润滑油。

润滑油的性质还影响润滑脂的其他性能，如蒸发性、低温性、安定性等。所以对润滑油的主要要求是黏度、热氧化安定性、蒸发性和润滑性等。

润滑脂中使用的基础油有矿物油（石油润滑油）和合成（润滑）油两大类。95%的润滑脂都使用来源多、成本低的石油润滑油作为基础油。合成油如硅油、聚α-烯烃油、酚类油、聚苯醚等，能承受较苛刻的工作条件，多用于国防或特殊用途的润滑脂，但成本很高。由石油润滑油制成的润滑脂除润滑性能优良外，其他性能均不如合成油制成的润滑脂。

② 稠化剂。稠化剂的作用是稠化润滑油，使其成为润滑脂。稠化剂是润滑脂的骨架，润滑油就贮藏在骨架里面。

稠化剂分为皂基稠化剂（即脂肪酸金属皂）和非皂基稠化剂（烃类、无机类、有机类）。皂基稠化剂是由动植物脂肪（或脂肪酸）与碱金属或碱土金属的氢氧化物（如氢氧化钠、氢氧化钙、氢氧化锂等）进行皂化反应而制得，由这些皂基稠化剂制成的润滑脂分别称为钠基润滑脂、钙基润滑脂和锂基润滑脂等。

在制备皂类润滑脂的过程中，不仅有单一的皂基，也有混合皂基或复合皂基。用两种或两种以上的单一金属皂同时作为稠化剂，如钙-钠皂，以改善稠化剂的性能，这种润滑脂称为混合皂基润滑脂，由两种化合物的共结晶体形成的复合皂作稠化剂，如复合钙皂，这种润滑脂称为复合皂基润滑脂，一般具有高温性能。

非皂基稠化剂中的烃基稠化剂主要是石蜡和地蜡，本身熔点很低，稠化得到的烃基润滑脂多用作防护性润滑脂。有机稠化剂有酞菁颜料、有机脲、有机氟等，这类稠化剂一般具有较高的耐热性和抗化学稳定性，多用于制备合成润滑脂。无机稠化剂中用得最多的是活性膨润土，具有耐热性好及价格较低的优点，是一种良好的耐热润滑脂稠化剂。

③ 添加剂。添加剂能够改变润滑脂的某些性质，并能改进其结构，用量虽少，但对润滑脂的特性有显著影响。添加剂也包括各种结构改进剂或胶溶剂（即稳定剂）。润滑脂常用的添加剂有抗氧剂、抗磨剂、防锈剂、抗水剂、抗凝剂等。

4.3.5.2 润滑脂的主要理化性质和使用性能

（1）外观性质

润滑脂的颜色、光亮、透明度、黏附性、均一性和纤维状况称为外观性质。根据外观可初步判断润滑脂对金属表面的黏附能力和使用性能。

（2）耐热性

滴点反映了润滑脂的耐热性能。润滑脂正常工作时的最高温度不能超过滴点，一般比滴点低20～30℃。

（3）流动性

针入度反映润滑脂受外力作用产生流动的难易程度。针入度值愈大，即稠度愈小，润滑脂愈软，越易流动。相反，润滑脂越硬，愈不易流动。

（4）胶体安定性

润滑脂的胶体安定性是指在一定温度和压力下保持胶体结构稳定，防止润滑油从润滑脂中析出的性能。它是在规定的压力分油器中测定的，用分油量的质量分数表示。分油量愈大，则胶体安定性愈差。润滑脂的分油量要适中，少量的分油有助于润滑表面，但大量分油会造成基础油流失太快，储运不便，不能正常润滑，造成润滑事故。在储存容器中已经大量分油的润滑脂应避免使用。

（5）机械安定性（剪切安定性）

润滑脂在使用过程中，因受机械运动的剪切作用，稠化剂的纤维结构不同程度地受到破坏，稠度有所下降。润滑脂的抗剪切作用的性能称为机械安定性，是用剪切前后针入度差值量表示。机械安定性差的润滑脂，在使用中容易变稀甚至流失，影响使用寿命。

（6）抗水性（耐水性）

润滑脂是否容易被水溶解和乳化的性能称为抗水性。润滑脂的抗水性主要取决于所用的稠化剂。抗水性差的润滑脂，遇水后稠度下降，甚至乳化而流失。在各类润滑脂中，烃基润滑脂的抗水性最好，钠基润滑脂的抗水性最差。对于在潮湿环境下工作的润滑脂，抗水性具有重要意义。

（7）保护性能

在潮湿的环境里，润滑脂保护被润滑的金属表面免于锈蚀的能力称为保护性能。保护性能好的润滑脂，既保护金属不受外界环境所腐蚀，本身也无腐蚀性。烃基润滑脂的保护性能比所有皂基润滑脂都好。表示保护性能的质量指标有：腐蚀、游离有机酸和碱。

在润滑脂的性能指标中，还有黏度、机械杂质、水分、氧化安定性、极压性能等，在此不一一详述。表4-19和表4-20中分别列举了各类润滑脂的特性及应用以及钙钠基润滑脂的主要质量标准。

表4-19 各类润滑脂的特性及应用

基础油	稠化剂	耐热性	机械安定性	抗水性	使用温度/℃	应用
石油润滑油	地蜡、石油蜡	差	差	优	～50	机械、仪器的防护
	钙皂	差	好	优	～70	通用机械摩擦部件、轴承
	钠皂	一般	一般～好	差	～130	通用机械部件润滑
	钙-钠皂	一般	一般～好	一般	～100	通用机械轴承
	铝皂	差	差～良	好	～50	船用机械的防护

续表

基础油	稠化剂	耐热性	机械安定性	抗水性	使用温度/℃	应用
石油润滑油	锂皂	好	优	优	~130	各类机械、轴承、汽车轴承
	复合钙皂	好	优	优	~130	冶金设备轴承、重负荷机械摩擦部件
	复合铝皂	好	好	好	~130	重负荷机械、冶金设备自动给脂系统
	复合锂皂	好	优	优	~130	重载汽车轴承、重负荷机械、冶金设备轴承
	活化膨润土	好	良~好	一般	~130	冶金设备、重负荷机械
脂类油	锂皂	好	优	一般~好	-60~120	精密机械轴承、航空仪表轴承及摩擦部件
硅油	改质硅胶	好	一般	优	-40~200	旋塞密封、真空脂、阻尼系统
	锂皂	好	优	优	-60~150	轻负荷机械、轴承
	复合锂皂	好	优	优	-60~200	高温轴承、轻负荷机械摩擦部件
	酞青铜	优	良~优	优	-60~250	轻负荷摩擦部件、轴承
	酰钠	优	优	优	-60~200	轻负荷轴承、高温轴承
	聚脲	优	优	优	-60~200	轻负荷轴承及摩擦部件

表4-20 钙钠基润滑脂的主要质量指标

项目	质量指标	
	2号	3号
工作锥入度/(1/10mm)	250~290	200~240
滴点/℃，不低于	120	135
腐蚀(40或50号钢片、59号黄铜片，100℃，3h)	合格	
水分/%，不大于	0.7	
游离碱，NaOH%，不大于	0.2	
游离有机酸	无	
杂质(酸分解法)	无	
外观	由黄色到深棕色的均匀软膏	

注：此表选自 SH/T 0368—1992。

4.4 原油常减压蒸馏

4.4.1 原油的分类方法

石油炼制（简称炼油）就是以原油为基本原料，通过一系列炼制工艺（或过程），例如常减压蒸馏、催化裂化、催化重整、延迟焦化、炼厂气加工及产品精制等，把原油加工成各种石油产品，如各种牌号的汽油、煤油、柴油、润滑油、溶剂油、重油、蜡油、沥青和石油焦，以及生产各种石油化工基本原料。

原油通过常减压蒸馏可分割成汽油、煤油、（轻）柴油等轻质馏分油，各种润滑油馏分、裂化原料（即减压馏分油或蜡油）等重质馏分油及减压渣油。其中除渣油外其余又叫直馏馏分油。从我国主要油田的原油中可获得20%~30%的轻质馏分油，40%~60%的直馏馏分油，个别原油可达80%~90%。

从原油中直接得到的轻馏分是有限的，无法满足国民经济对轻质油品的需求。因此，通过将重馏分和渣油进行进一步的加工，即重质油的轻质化，以得到更多的轻质油品。通常将常减压蒸馏称为原油的一次加工过程,而将以轻馏分改质与重馏分和渣油的轻质化为主的加工过程称为二次加工过程。

原油的二次加工根据生产目的的不同有许多种过程,如以重质馏分油和渣油为原料的催化裂化和加氢裂化,以直馏汽油为主要原料生产高辛烷值汽油或轻质芳烃(苯、甲苯、二甲苯)等的催化重整,以渣油为原料生产石油焦或燃料油的焦化或减黏裂化等。

尽管原油经过一系列的加工过程可生产出多种石油产品,但是不同的原油适合于生产不同的产品,即不同的原油应选择不同的加工方案。原油加工方案除取决于原油的组成和性质之外,还取决于市场需要这一个十分重要的因素。一般地,组成和性质相同的原油,其加工方案和加工中所遇到的问题也很相似。

由于地质构造、原油产生的条件和年代的不同,世界各地区所产原油的化学组成和物理性质,有的相差很大,有的却很相似。即使是同一地区生产的原油,有的在组成和性质上也很不相同。

为了选择合理的原油加工方案,预测产品的种类、产率和质量,有必要对各种原油进行分类。

原油的组成十分复杂,对原油的确切分类是极其困难的。通常可以从工业、地质、物理和化学等不同角度对原油进行分类,但应用较广泛的是工业分类法和化学分类法。

(1)工业分类法

工业分类法又叫商品分类,是按原油的密度、硫含量、含氮量、含蜡量和含胶质量等进行分类。在此仅介绍常用的两种工业分类方法,即按密度和硫含量进行分类。

国际石油市场上常用的计价标准是按比重指数API度(或密度)和硫含量分类的,其分类标准分别见表4-21和表4-22。我国常用的按硫含量分类的标准与国际上一致。

表4-21 原油按API度分类标准

类别	API°	密度(15℃)/(g/cm)	密度(20℃)/(g/cm)
轻质原油	>34	<0.855	<0.851
中质原油	34~20	0.855~0.934	0.851~0.930
重质原油	20~10	0.934~0.999	0.930~0.996
特稠原油	<10	>0.999	>0.996

表4-22 原油按含硫量分类标准

原油类别	硫含量(质量分数)/%
低硫原油	<0.5
含硫原油	>0.5

(2)化学分类法

化学分类应以化学组成为基础,由于原油的化学组成十分复杂,所以通常采用原油某些与化学组成有关系的物理性质作为分类基础。化学分类法中常用的有两种。

① 特性因数分类法。此种方法是在20世纪30年代提出的,是根据原油的特性因数分类的。具体分类标准是:特性因数K大于12.1,属于石蜡基原油;特性因数K为11.5~12.1,属于中间基原油;特性因数K为10.5~11.5,属于环烷基原油。

石蜡基原油的特点是:烷烃含量一般在50%以上,密度较小,含蜡量较高,凝点高,含硫、含氮、含胶质量较低。我国大庆原油和南阳原油是典型的石蜡基原油。

环烷基原油的特点是：环烷和芳香烃的含量较多，密度较大，凝点较低，一般含硫、含胶质、含沥青质量较多，所以又叫沥青基原油。孤岛原油和单家寺（胜利油区）原油等都属于环烷基原油。

② 关键馏分特性分类法。此法是1935年由美国矿务局提出的，是目前应用较多的原油分类法。它是把原油放在特定的简易蒸馏设备中，按照规定的条件进行蒸馏，取250～275℃和395～425℃两个馏分分别作为第一关键馏分和第二关键馏分，根据密度对这两个馏分进行分类，最终确定原油的类别。具体的分类标准和分类方式分别见表4-23和表4-24。

表4-23 关键馏分分类标准

关键馏分	石蜡基	环烷基
第一关键馏分	$\rho_{20}=0.8210\sim 0.8562$ API°=33～40	$\rho_{20}>0.8562$ API°<33
第二关键馏分	$\rho_{20}=0.8723\sim 0.9305$ API°=20～30	$\rho_{20}>0.9305$ API°<20

表4-24 关键馏分特性分类

序号	第一关键馏分的类别	第二关键馏分的类别	原油类别
1	石蜡	石蜡	石蜡
2	石蜡	中间	石蜡-中间
3	中间	石蜡	中间-石蜡
4	中间	中间	中间
5	中间	环烷	中间-环烷
6	环烷	中间	环烷-中间
7	环烷	环烷	环烷

为了更全面地反映原油的性质，我国现阶段采用的是关键馏分特性分类与硫含量分类相结合的分类方法，后者作为对前者的补充。根据这种分类方法，我国几个主要油田原油的类别如表4-25所示。

表4-25 我国几种原油的分类

原油产地	大庆	胜利	孤岛	辽河	华北	中原	新疆
原油类别	低硫 石蜡基	含硫 中间基	含硫 环烷-中间基	低硫 中间基	低硫 石蜡基	含硫 石蜡基	低硫 石蜡-中间基

4.4.2 原油加工方案

原油加工方案与原油的特性及国民经济对石油产品的需求密切相关，尤其是前者对制订合理的原油加工方案起着决定性的作用。例如：属于石蜡基原油的大庆原油，其减压馏分油是催化裂化的好原料，更是生产润滑油的好原料，用其生产的润滑油质量好，收率高，同时得到的石蜡质量也很好。但是由于大庆原油中含胶质和沥青质较少，用其减压渣油很难制得高质量的沥青产品。因此，在确定大庆这类原油的加工方案时，应首先考虑生产润滑油和石蜡，同时生产一部分轻质燃料。与此相反，用属于环烷基的孤岛原油生产的润滑油，不仅质量差，而且加工十分复杂。但是利用孤岛原油的减压渣油可以得到高质量的沥青产品。因此，在考虑孤岛原油的加工方案时，不考虑生产润滑油。

根据生产目的不同，原油加工方案有以下几种基本类型。

（1）燃料型

这类加工方案的产品基本上都是燃料，如汽油、喷气燃料、柴油和重油等，还可生产燃料气、芳烃和石油焦等。典型的燃料型加工方案的流程如图4-2所示。

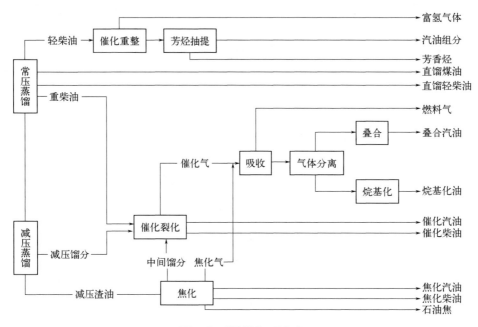

图4-2　燃料型加工方案

燃料型炼油厂的特点是通过一次加工（即常减压蒸馏）尽可能将原油中的轻质馏分，如汽油、煤油和柴油分出，并利用催化裂化和焦化等二次加工工艺，将重质馏分转化为轻质油。随着石油的综合利用及石油化工的发展，大多数燃料型炼油厂都已转变成了燃料-化工型炼厂。

（2）燃料-化工型

这种加工方案以生产燃料和化工产品或原料为主，具有燃料型炼厂的各种工艺及装置，同时还包括一些化工装置。原油先经过一次加工分出其中的轻质馏分，其余的重质馏分再进一步通过二次加工转化为轻质油。轻质馏分一部分用作燃料，一部分通过催化重整、裂解工艺制取芳香烃和烯烃，作为有机合成的原料。利用芳香烃和烯烃为基础原料，通过化工装置还可生产醇、酮、酸等基本有机原料和化工产品。流程图如图4-3所示。

（3）燃料-润滑油型

这种加工方案除生产各种燃料外还生产各种润滑油。原油通过一次加工将其中的轻质馏分分出，剩余的重质馏分经过各种润滑油生产工艺，如溶剂脱沥青、溶剂精制、溶剂脱蜡、白土精制或加氢精制等，生产各种润滑油基础油。将各种基础油及添加剂按照一定要求进行调和，即可制得各种润滑油。

石蜡基原油大多数采用的是这种燃料-润滑油型加工方案。典型的燃料-润滑油型加工方案的流程如图4-4所示。

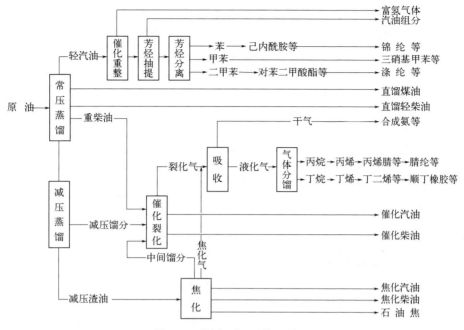

图4-3 燃料-化工型加工流程

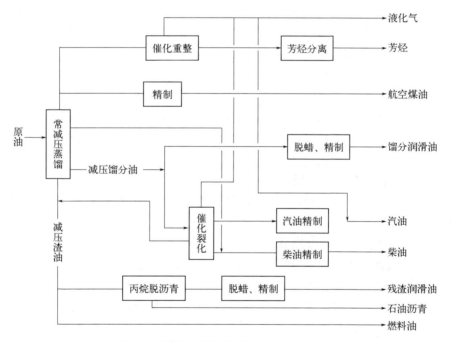

图4-4 燃料-润滑油型加工方案的流程图

（4）燃料-润滑油-化工型

这种加工方案除生产各种燃料和润滑油外，同时还生产一些石油化工产品或者为石油化工提供原料。它是燃料-润滑油加工方案向化工方向发展的结果。

4.4.3 原油的预处理

从油井开采出来的原油大多含有水分、盐类和泥沙等，一般在油田脱除后外输至炼油厂。但由于一次脱盐、脱水不易彻底,因此,原油进炼厂进行蒸馏前,还需要再一次进行脱盐、脱水。表4-26是我国几种主要原油进厂时含盐含水情况。

表4-26 我国几种主要原油进厂时含盐含水情况

原油种类	含盐量/(mg/L)	含水量(质量分数)/%
大庆原油	3～13	0.15～1.0
胜利原油	33～45	0.1～0.8
中原原油	～200	～1.0
华北原油	3～18	0.08～0.2
辽河原油	6～26	0.3～1.0
鲁宁管输原油	16～60	0.1～0.5
新疆原油(外输)	33～49	0.3～1.8

4.4.3.1 原油含盐含水的影响

在油田脱过水后的原油,仍然含有一定量的盐和水。所含盐类除有一小部分以结晶状态悬浮于油中外,绝大部分溶于水中,并以微粒状态分散在油中,形成较稳定的油包水型乳化液。

原油含水、含盐给运输、贮存增加负担,也给加工过程带来不利的影响。由于水的汽化潜热很大,原油含水就会增加燃料的消耗和蒸馏塔顶冷凝或冷却设备的负荷,如一个250万吨/年的常减压蒸馏装置,原油含水量增加1%,蒸馏过程增加热能消耗约$7×10^8$kJ/h。其次,由于水的分子量比油品的平均分子量小很多,原油中少量水汽化后,使塔内气相体积急剧增加,导致蒸馏过程波动,影响正常操作,系统压降增大,动力消耗增加,严重时引起蒸馏塔超压或出现冲塔事故。

原油中所含的无机盐主要有氯化钠、氯化钙、氯化镁等,其中氯化钠的含量最多,约占75%。这些物质受热后易水解,生成盐酸,腐蚀设备;其次,在换热器和加热炉中,随着水分的蒸发,盐类沉积在管壁上形成盐垢,降低传热效率,增大流动压降,严重时甚至会烧穿炉管或堵塞管路;再次,由于原油中的盐类太多残留在重馏分油和渣油中,所以还会影响二次加工过程及其产品的质量。

由于上述原因,目前国内外炼油厂对原油蒸馏前脱盐脱水的要求是:含盐量小于3mg/L;含水量小于0.2%。

4.4.3.2 原油脱盐脱水的基本原理

原油能够形成乳化液的主要原因是油中含有环烷酸、胶质和沥青质等天然"乳化剂",它们都是表面活性物质(油包水型)。在油中这些物质向水界面移动,分散在水滴的表面,引起油相表面张力降低,像一层保护膜一样使水滴稳定地分散在油中,从而阻止了水滴的聚集。因此,脱水的关键是破坏乳化剂的作用,使油水不能形成乳化液,细小的水滴就可相互聚集成大的颗粒、沉降,最终达到油水分离的目的。由于大部分盐是溶解在水中的,所以脱水的同时也就脱除了盐分。

破乳的方法是加入适当的破乳剂和利用高压电场的作用。破乳剂本身也是表面活性物质,但是它的性质与乳化剂相反,是水包油型的表面活性剂。破乳剂的破乳作用是在油水界面进行的,它能迅速浓集于界面,并与乳化剂竞争,最终占据界面的位置,使原来比较牢固的保护膜减弱甚至破坏,小水滴也就比较容易聚集,进而沉降分出。近来所用的破乳剂都是合成高分子或超高分子量的表面活性剂,按化学组成分类有醚型、酰胺型、胺型和酯型四大类。国内炼油厂常用的原油破乳剂是BP-169（聚醚型）和2040破乳剂（聚丙二醇醚与环氧乙烷化合物），加入量为10～20mg/L。不同原油所适用的破乳剂及其加入量是不同的，应通过试验选择。原油乳化液通过高压电场时，由于感应使水滴的两端带上不同极性的电荷。电荷按极性排列，因而水滴在电场中形成定向键，每两个靠近的水滴，电荷相等，极性相反，产生偶极聚结力，聚集成较大水滴（图4-5）。

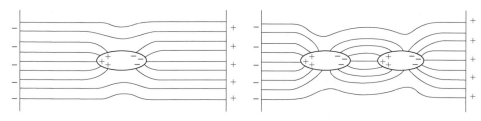

图4-5 高压电场中水滴的偶极聚结

对于原油这样一种比较稳定的乳化液，单凭加破乳剂的方法往往还不能达到脱盐脱水的要求。因此，炼油厂广泛采用的是加破乳剂和高压电场联合作用的方法，即所谓电脱盐脱水。为了提高水滴的沉降速度，电脱盐过程是在一定的温度下进行的，通常是80～120℃甚至更高（如150℃），视原油性质而定。

图4-6是原油二级电脱盐脱水的原理流程。原油自油罐抽出，与破乳剂、洗涤水按比例混合，经换热器与装置中某热流换热达到一定的温度，再经过一个混合阀（或混合器）将原油、破乳剂和水充分混合后，送入一级电脱盐罐进行第一次脱盐、脱水。在电脱盐罐内，在破乳剂和高压电场（强电场梯度为500～1000V/cm，弱电场梯度为150～300V/cm）的共同作用下，乳化液被破坏，小水滴聚结成大水滴，通过沉降分离，排出污水（主要是水及溶解在其中的盐，还有少量的油）。一级电脱盐的脱盐率为90%～95%。一级脱盐、脱水后原油再与破乳剂及洗涤水混合后送入二级电脱盐罐进行第二次脱盐、脱水。通常二级电脱盐罐排出的水含盐量不高，可将它回注到一级混合阀前，这样既节省用水又减少含盐污水的排出量。在上述电脱盐过程中，注水的目的在于溶解原油中的结晶盐，同样也可减弱乳化剂的作用，有利于水滴的聚集。

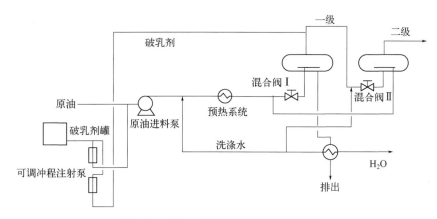

图4-6 原油二级电脱盐脱水的原理流程

原油经过二级电脱盐、脱水，其含盐含水量一般都能达到规定指标，然后送往后面的蒸馏装置。国内几个炼厂的脱盐脱水效果见表4-27。

表4-27 炼油厂脱盐脱水效果

原油	密度(20℃)/(g/cm³)	一级脱盐					二级脱盐					脱前原油		一级脱后		二级脱后			脱盐率/%	强电场梯度/(V/cm)	弱电场梯度/(V/cm)
		温度/℃	注水量/%	破乳剂			温度/℃	注水量/%	破乳剂			含盐/(mg/L)	含水/%	含盐/(mg/L)	含水/%	含盐/(mg/L)	含水/%			
				型号	用量/(mg/L)				型号	用量/(mg/L)										
江汉	0.8600~0.8930	91	5.79	BP-169	11.5		88	3.1	BP-169	7	24.0	8.8	4.42	2.1	3.08	—	87.17	>1000	375
鲁宁管输油1	0.8770~0.8890	120~128	3.6	—	0		120~129	4.75	PE-2040	11.3	56.7	11.2	25.2	2.95	0.77	0.39	98.6	413~574	212~307
鲁宁管输油2	0.8798~0.8860	122~128	5	PE-2040	11.4		118~132	4~5	PE-2040	16~28	60.4	0.6~20	13	0.32	2.1	0.33	96.5	403~574	216~307
鲁宁管输油3	0.8850~0.8950	123	5	BP-169	14.7		121	5	BP-169	13	17.3	0.5	7.3	0.2	2.13	0.18	87.7	640~739	271~313

4.4.3.3 电脱盐脱水的主要设备

原油电脱盐的主要设备是电脱盐罐,其他还有变压器、混合设施等。

电脱盐罐有卧式、立式和球形等几种形式,国内外炼油厂一般采用卧式罐,图4-7是卧式脱盐罐的示意图。

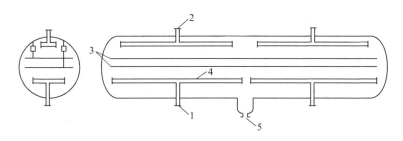

图4-7 卧式脱盐罐示意图
1—原油入口;2—原油出口;3—电极板;4—原油分配器;5—含盐废水出口

卧式电脱盐罐主要由外壳、电极板、原油分配器等组成。外壳直径一般为3～4m,其长度视处理量而定,有的长达20～30m。电极板一般是格栅状的,有水平和垂直的两类,采用水平的较多。电极板一般是两层,下极板通电,在两层电极板之间形成一个强电场区,该区是脱盐、脱水的关键区。在下层电极板与下面的水面之间又形成一个弱电场区,这个弱电场促使下沉水滴进一步聚结,提高脱盐脱水效率。原油分配器的作用是使原油从罐底进入后能均匀垂直地向上流动,从而提高脱盐脱水效果。有两种类型的分配器,一种是带小孔的分离管,一种是低速倒槽型分配器。

变压器是电脱盐设施中最关键的设备,与电脱盐的正常操作和保证脱盐效果有直接关系。根据电脱盐的特点,采用的是防爆高阻抗变压器。

油、水和破乳剂在进脱盐罐前需借混合设施充分混合,使水和破乳剂在原油中尽量分散。分散得越细,脱盐率越高。但分散过细,会形成稳定的乳化液,脱盐率反而下降,且能耗增大。故混合强度要适度。新建电脱盐装置的混合设施多采用可调压差的混合阀,可根据脱盐脱水情况来调节混合强度。有的炼油厂采用静态混合器,其混合强度好但不能调节。这两种混合设施串联使用效果会更佳。

4.4.4 原油的常减压蒸馏工艺过程

原油中所含的轻质油品是有限的。如前所述,我国主要油田的原油中含汽油、煤油、柴油等轻质油品的量一般为20%～30%。为了蒸出更多的馏分油作为二次加工的原料,原油的常压蒸馏和减压一般是连接在一起而构成常减压蒸馏。

4.4.4.1 原油蒸馏的基本原理及特点

(1) 蒸馏与精馏

将液体混合物加热使其汽化,然后再将蒸气冷凝和冷却,使原液体混合物达到一定程度的分离。这个过程叫作蒸馏。蒸馏的依据是混合物中各组分沸点(挥发度)的不同。蒸馏有多种形式,可归纳为闪蒸(平衡汽化或一次汽化)、简单蒸馏(渐次汽化)和精馏三种。其中简单蒸馏常用于实验室或小型装置上,如前介绍的恩氏蒸馏;而闪蒸和精馏是在工业上常用的两种蒸馏方式,前者如闪蒸塔、蒸发塔或精馏塔的汽化段等,精馏过程通常是在精馏塔中进行的。

精馏是分离液相混合物的一种很有效的方法，它是在多次部分汽化和多次部分冷凝过程的基础上发展起来的一种蒸馏方式，炼油厂中大部分的石油精馏塔，如原油精馏塔、催化裂化和焦化产品的分馏塔、催化重整原料的预分馏塔以及一些工艺过程中的溶剂回收塔等，都是通过精馏这种蒸馏方式进行操作的。

（2）原油常压蒸馏及其特点

原油蒸馏一般包括常压蒸馏和减压蒸馏两个部分，在此首先就原油的常压蒸馏作有关简述。

所谓原油的常压蒸馏，即为原油在常压（或稍高于常压）下进行的蒸馏，所用的蒸馏设备叫作原油常压精馏塔（简称常压塔）。由于原油常压精馏塔的原料和产品不同于一般精馏塔，因此，它具有以下工艺特点（其他的石油精馏塔也常常具有与之相似的工艺特点）。

① 常压塔的原料和产品都是组成复杂的混合物。原油经过常压蒸馏得到的是汽油、煤油、柴油等轻质馏分油和常压重油，这些产品不同于一般精馏塔的产品，它们也是复杂的混合物，其质量是靠一些质量标准来控制的，如汽油馏程的终馏点不能高于205℃，柴油馏程的95%馏出温度不高于365℃等，所以对各产品的分馏精确度要求不是很高，即不要求把原油这一复杂的混合物精确分开。

② 常压塔是一个复合塔结构。一般的精馏塔，通常一个塔只能得到塔顶和塔底两个产品。而原油常压精馏塔是在塔的侧部设若干侧线以得到如上所述的多个产品，就像几个塔叠置在一起，故称之为复合塔或复杂塔。

③ 常压塔下部设置汽提段，侧线产品设汽提塔。一般的精馏塔，汽化段以上称为精馏段，塔顶产品冷凝冷却后一部分返回塔顶作为塔顶液相回流；进料段以下称为提馏段，塔底产品一部分经再沸器加热汽化后返回塔底作为塔底气相回流。

原油常压精馏塔的汽化段（即进料段）以上亦称精馏段，塔顶的汽油馏分经冷凝冷却后，一部分返回塔顶作为回流。从汽化段上升的气体与向下流的回流液体，在精馏段各层塔板或填料上多次接触，进行传质传热，或多次的部分汽化和部分冷凝最终达到轻重组分或各产品馏分间的分离。值得一提的是，常压塔汽化段以下通常不叫提馏段而叫汽提段。原油精馏塔的塔底温度较高，常压塔底温度一般在350℃，在这样的高温下，很难找到合适的再沸器热源，因此通常不用再沸器产生气相回流，而是在塔底注入水蒸气，以降低油气分压，使塔底重油中的轻组分汽化，这种方法称为汽提。汽提段的分离效果不如一般精馏塔的提馏段。

侧线产品是从原油精馏塔的精馏段中部以液相状态抽出，相当于未经提馏的液体产品，因此其中必然含有相当数量的低沸点组分，为了控制和调节侧线产品质量（如闪点等）和改善产品间的分离效果，通常在常压塔的旁边设置若干个侧线汽提塔，侧线产品从常压塔中部抽出，送入汽提塔上部，从该塔下部注入水蒸气进行汽提，原理同前。汽提出的低沸点组分同水蒸气一道从汽提塔顶部引出返回主塔，侧线产品由汽提塔底部抽出送出装置。由此看出，侧线汽提塔相当于一般精馏塔的提馏段，塔内通常设置3～4层塔板或一定高度的填料。汽提所用的水蒸气通常是400～450℃、约3个大气压的过热水蒸气，目的是在精馏塔中始终保持为气相，它一般产生于加热炉的对流室。

④ 常压塔常设置中段循环回流。在原油精馏塔中，除了采用塔顶回流外，通常还设置1～2个中段循环回流，即从精馏塔上部的精馏段引出部分液相热油（或者是侧线产品），

经与其他冷流换热或冷却后再返回塔中，返回口比抽出口通常高2～3层塔板。

中段循环回流的作用是，在保证各产品分离效果的前提下，取走精馏塔中多余的热量。采用中段循环回流的好处是：在相同的处理量下可缩小塔径，或者在相同的塔径下可提高塔的处理能力；可回收利用这部分温度较高的热源。

（3）减压蒸馏及其特点

原油在常压蒸馏的条件下，只能够得到各种轻质馏分，而各种高沸点馏分，如裂化原料和润滑油馏分等都存在于常压塔底重油之中。要想从重油中分出这些馏分，在常压条件下必须将重油加热到较高温度。因为这些馏分中所含的大分子烃类在450℃时就可发生较严重的热裂解反应，生成较多的烯烃使馏出油品变质，同时伴随有缩合反应生成一些焦炭，影响正常生产。

减压蒸馏是在压力低于100kPa的负压状态下进行的蒸馏过程。由于物质的沸点随外压的减小而降低，因此在较低的压力下加热常压重油，上述高沸点馏分就会在较低的温度下汽化，从而避免了高沸点馏分的裂解。通过减压精馏塔可得到这些高沸点馏分，而塔底得到的是沸点在500℃以上的减压渣油。

减压蒸馏所依据的原理与常压蒸馏相同，关键是减压塔顶采用了抽真空设备，使塔顶的压力降到几千帕。减压塔的抽真空设备常用的是蒸汽喷射器（也称蒸汽喷射泵）或机械真空泵。其中机械真空泵只在一些干式减压蒸馏塔和小炼油厂的减压塔中采用，而广泛应用的是蒸汽喷射器。抽真空设备的作用是将塔内产生的不凝气（主要是裂解气和漏入的空气）和吹入的水蒸气连续地抽走以保证减压塔的真空度要求。蒸汽喷射器的基本工作原理是利用高压水蒸气（一般是800～1000kPa）在喷管内膨胀（减压），使压力能转化为动能从而达到高速流动，在喷管出口周围形成真空，从而将塔中的气体抽出。

与一般的精馏塔和原油常压精馏塔相比，减压精馏塔具有如下几个特点。

① 减压精馏塔分燃料型和润滑油型两种。燃料型减压塔主要生产二次加工如催化裂化、加氢裂化等原料，它对分离精确度要求不高，希望在控制杂质含量的前提下，如残炭值低、重金属含量少等，尽可能提高馏分油拔出率。

润滑油型减压塔以生产润滑油馏分为主，希望得到颜色浅、残炭值低、馏程较窄、安定性好的减压馏分油，因此不仅要求拔出率高，而且具有较高的分离精确度。

② 减压精馏塔的塔径大、板数少、压降小、真空度高。由于对减压塔的基本要求是在尽量减少油料发生热解反应的条件下尽可能多地拔出馏分油，因此要求尽可能提高塔顶的真空度，降低塔的压降，进而提高汽化段的真空度。塔内的压力低，一方面使气体体积增大，塔径变大；另一方面由于低压下各组分之间的相对挥发度变大，易于分离，所以与常压塔相比，减压塔的塔板数有所减少。如前所述，燃料型减压塔的塔板数可进一步减少，亦利于减少压降。

③ 缩短渣油在减压塔内的停留时间。减压塔底的温度一般在390℃，减压渣油在这样高的温度下如果停留时间过长，其分解和缩合反应会显著增加，导致不凝气增加，使塔的真空度下降，塔底部结焦，影响塔的正常操作。为此，减压塔底常采用减小塔径（即缩径）的办法，以缩短渣油在塔底的停留时间。另外，由于在减压蒸馏的条件下，各馏分之间比较容易分离，分离精确度要求不高，加之一般情况下塔顶不出产品，所以中段循环回流取热量较多，减压塔的上部气相负荷较小，通常也采用缩径的办法，使减压塔成为一个中间粗、两头细的精馏塔。

4.4.4.2 原油蒸馏的工艺装置

一个炼油生产装置有各种工艺设备（如加热炉、塔、反应器）及机泵等，它们是为完成一定的生产任务，按照一定的工艺技术要求和原料的加工流向互相联系在一起，即构成一定的工艺流程。

（1）原油蒸馏的工艺流程

目前炼油厂最常采用的原油蒸馏流程是双塔流程和三塔流程。双塔流程包括两个部分（不包括原油的预处理）：常压蒸馏和减压蒸馏。三塔流程包括三个部分：原油初馏、常压蒸馏和减压蒸馏。大型炼油厂的原油蒸馏装置多采用三塔流程，现以此为例加以介绍。

根据产品的用途不同，可将原油蒸馏工艺流程大致分为以下三种类型。

① 燃料型。这种类型的工艺流程如图4-8所示，具体包括以下几个步骤。

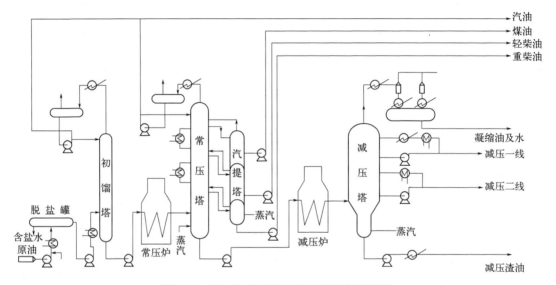

图4-8　原油常减压蒸馏工艺流程图（燃料型）

原油初馏其主要作用是拔出原油中的轻汽油馏分。

从罐区来的原油先经过换热（热源一般是本装置内的热源），温度达到80～120℃进入脱盐罐进行脱盐、脱水。脱后原油再经过换热，温度达到210～250℃，这时较轻的组分已经汽化，气液混合物一起进入初馏塔，塔顶出轻汽油馏分（初顶油），塔底为拔头原油。

常压蒸馏其主要作用是分出原油中沸点低于350℃的轻质馏分油。

拔头原油经换热、常压炉加热至360～370℃，形成的气液混合物进入常压塔，塔顶压力一般为130～170kPa。塔顶出汽油（常顶油），经冷凝冷却至40℃左右，一部分作塔顶回流，一部分作汽油馏分。各侧线馏分油经汽提塔汽提、换热、冷却后出装置。各侧线之间一般设1～2个中段循环回流。塔底是沸点高于350℃的常压重油。

减压蒸馏其作用是从常压重油中分出沸点低于500℃的高沸点馏分油和渣油。

常压重油（也叫常压渣油）的温度为350℃左右，用热油泵从常压塔底部抽出送到减压炉加热。温度达390～400℃进入减压精馏塔。减压塔顶的压力一般是1～5kPa。为了减小管线压力降和提高减压塔顶的真空度，减压塔顶一般不出产品或出少量产品（减顶油），直接与抽真空设备连接，并采用塔顶循环回流方式（即从塔顶以下几块塔板处或减一线抽出口引出一部分热流，经换热或冷却后返回到塔顶，这种回流方式可减小塔顶冷凝冷却器负荷，降低塔顶管线压力降等）。侧线各馏分油经换热、冷却后出装置，作为二次加工的原料。各侧线之间也设1～2个中段循环回流。塔底减压渣油经换热、冷却后出装置，也可稍经换热或直接送至下道工序如焦化、溶剂脱沥青等，作为热进料。

从上述流程来看，在原油蒸馏工艺流程的初馏、常压蒸馏和减压蒸馏这三个部分中，油料在每一部分都经历了一次加热-汽化-冷凝过程，故为三段汽化，通常叫作三塔流程。但从过程的原理来看，初馏也属于常压蒸馏。同理，在两段汽化的流程中，没有初馏部分，脱后原油经换热后直接进常压炉，其后与三段汽化的相同。油料在经过常压蒸馏和减压蒸馏时，经历了两次加热-汽化-冷凝过程，故称为两段汽化，习惯上叫作双塔流程。

三段汽化原油蒸馏工艺流程（燃料型）的特点有以下几个。

a. 初馏塔顶产品轻汽油是良好的催化重整原料，其含砷量小（为催化重整催化剂的有害物质），且不含烯烃。大庆原油（含砷量高）生产重整原料时均设初馏塔。相反，加工大庆原油不要求生产重整原料，或加工原油含砷量低，则可采用闪蒸塔（闪蒸塔与初馏塔的差别在于前者不出塔顶产品，塔顶蒸气进入常压塔中上部；而后者出塔顶产品，因而有冷凝和回流设施，而前者无），以节省设备和操作费用。如果加工的原油含轻馏分很少，也可不设初馏塔或闪蒸塔，即采用两段汽化流程。

b. 常压塔可设3～4个侧线，生产溶剂油、煤油（或喷气燃料）、轻柴油、重柴油等馏分。

c. 减压塔侧线出催化裂化或加氢裂化原料，产品较简单，分馏精度要求不高，故只设2～3个侧线，不设汽提塔，如对最下面侧线产品的残炭值和重金属含量有较高要求，需在塔进口与最下面侧线抽出口之间设1～2个洗涤段。

d. 减压蒸馏可以采用干式减压蒸馏工艺。

所谓干式减压蒸馏，即不依靠注入水蒸气来降低油气分压的减压蒸馏。干式减压蒸馏一般采用填料（如金属矩鞍环）而不是塔板。它的主要特点是：填料压降小，塔内真空度提高，加热炉出口温度降低使不凝气减少，大大降低了塔顶冷凝冷却负荷，减少冷却水用量，降低能耗等。因此，干式减压蒸馏被广泛地用于原油蒸馏装置中。

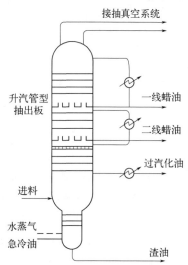

图4-9 燃料型减压塔（板式塔）

实际上，也有采用板式塔的湿式减压蒸馏，见图4-9。这种减压蒸馏塔的特点是：塔板数少（由于分馏精确度要求不高），中段循环回流取热比例较大，以减小塔中的内回流。缺点是塔板压降较大，为保证一定的拔出率，必须依靠注水蒸气来降低油气分压。湿式减压蒸馏工艺正逐渐被干式减压蒸馏所取代。

图4-10是减压塔顶二级蒸汽喷射器的原理流程，由管壳式冷凝器、蒸汽喷射器、水封罐等部件组成。减压塔出来的不凝气、水蒸气和少量油气首先进入冷凝器，其中的

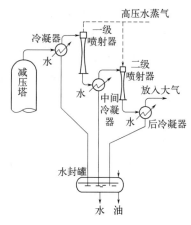

图4-10 蒸汽喷射器抽真空系统流程图

水蒸气和油气被冷凝后排入水封罐，不凝气则由一级喷射器抽出从而在冷凝器中形成真空，由一级喷射器出来的不凝气和工作蒸汽再排入一个中间冷凝器，将水蒸气冷凝，不凝气再由二级喷射器抽走而排入大气，或者再设置一个后冷器，将水蒸气冷凝，不凝气排入大气。如果在减压塔顶出来的气体进入第一个冷凝器之前，再安装一个蒸汽喷射器（叫增压喷射器）；则塔的真空度就能进一步提高。这种流程也可叫三级蒸汽喷射器。

② 燃料-润滑油型。这种类型的原油常减压蒸馏工艺流程如图4-11所示，其流程特点如下。

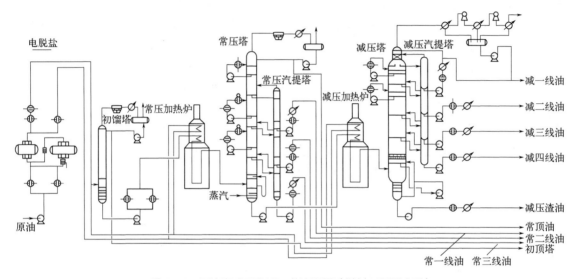

图4-11　原油常减压蒸馏工艺流程图（燃料-润滑油型）

a. 常压系统在原油和产品要求方面与燃料型相同时，其流程亦相同。

b. 减压系统流程较燃料型复杂。减压塔要出各种润滑油馏分，其分馏效果的优劣直接影响到后面的加工过程和润滑油产品的质量，所以各侧线馏分馏程要窄，塔的分馏精确度要求较高。为此，减压塔一般是采用板式塔或塔板-填料混合式减压塔，塔板数较燃料型多，侧线一般是4～5个，而且有侧线汽提塔以满足对润滑油馏分闪点的要求，并改善各馏分的馏程范围。

c. 控制减压炉出口最高油温不大于395℃，以免油料因局部过热而裂解，进而影响润滑油质量。

d. 减压蒸馏系统一般采用在减压炉管和减压塔底注入水蒸气的操作工艺。注入水蒸气的目的在于改善炉管内油的流动情况，避免油料因局部过热裂解；降低减压塔内油气分压，提高减压馏分油的拔出率。

③ 化工型。化工型原油蒸馏的工艺流程如图4-12所示。其流程最为简单，主要有以下特点。

a. 常压蒸馏系统一般不设初馏塔而设闪蒸塔，闪蒸塔顶油气引入常压塔中上部。

b. 常压塔设2～3个侧线，产品作裂解原料，分离精度要求低，塔板数减少，不设汽提塔。

c. 减压系统与燃料型基本相同。

两段汽化的原油蒸馏流程也可分为燃料型、燃料-润滑油型和化工型三类，在设备上与

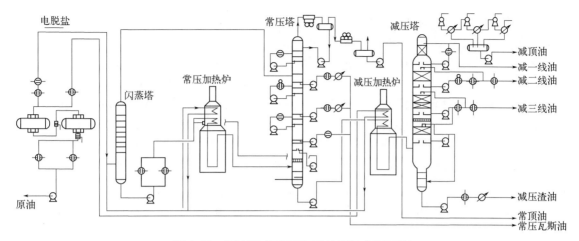

图4-12 原油常减压蒸馏工艺流程图（化工型）

三段汽化的最大不同是不设前面的初馏塔或闪蒸塔，其余基本相同，两段汽化的工艺流程在此不再作介绍。

在实际生产中，个别炼油厂还有采用四段汽化的原油蒸馏流程，即原油初馏-常压蒸馏-一级减压蒸馏-二级减压蒸馏。这种流程只有在需要从原油中生产高黏度润滑油时才可以考虑，以便从减压渣油中拔出更多的重质馏分作润滑油原料。

（2）原油蒸馏装置的技术进展

近十几年来，原油蒸馏技术在以下几个方面取得了较大的技术进展。

① 防腐蚀。原油常减压蒸馏是原油进炼油厂的第一道加工工序，其开工周期的长短直接影响后续各加工过程的进行。而设备与管线的腐蚀又直接影响着装置开工周期的长短。因此，防腐问题历来被人们所重视。

原油中引起设备和管线腐蚀的主要物质是无机盐类、各种硫化物和有机酸等。腐蚀可以发生在高温的重油部位，如减压炉管、塔底等，也可发生在低温轻油部位，如常减压塔顶管线和冷凝冷却系统，尤以后者更为普遍。

引起塔顶冷凝冷却系统腐蚀的根本原因在于原油中的盐，其次是硫。在蒸馏过程中，原油中的盐类受热水解，生成具有强烈腐蚀性的氯化氢（遇水成盐酸）。氯化氢和硫化氢（H_2S，原油中硫化物在蒸馏过程中的分解产物）在蒸馏过程中随原油的轻馏分和水分一起挥发和冷凝，在塔顶部及冷凝系统内形成低温$HCl-H_2S-H_2O$型腐蚀介质，对初馏塔、常压塔顶部的塔体、塔板、馏出线、冷凝冷却器等有相变的部位产生严重腐蚀。特别值得注意的是，无论原油含硫高低，只要含盐，就会引起上述部位的严重腐蚀。

抑制原油蒸馏装置中设备和管线腐蚀的主要办法是：对低温的塔顶以及塔顶油气馏出线上的冷凝冷却系统采取化学防腐措施，即"一脱三注"（脱盐、脱水、注中和剂、注缓蚀剂和注水）；对温度大于250℃的塔体及塔底出口系统的设备和管线等高温部位，主要是选用合适的耐蚀材料。

"一脱三注"（也叫化学防腐）目前在炼油厂已得到广泛应用。其中原油脱盐脱水已在前面介绍，以下仅就"三注"加以说明。

a. 塔顶馏出线注中和剂。原油经脱盐注碱后，腐蚀程度可降低80%以上。这是由于塔顶系统的主要腐蚀物质氯化氢的量减少了。但是还可能有残余的氯化氢和硫化氢，仍会造成较严重的腐蚀,因此需要在塔顶馏出线注入中和剂(碱性物质),中和氯化氢和硫化氢等酸性物质。各炼油厂常用的中和剂是液氨或氨气,也有用有机胺的。

b. 注缓蚀剂。氨分别与氯化氢和硫化氢中和后,生成的硫化铵无腐蚀性,但氯化铵仍有腐蚀作用,必须注入缓蚀剂才能消除它的沉积和腐蚀。所谓缓蚀剂即具有延缓腐蚀作用的物质,它是一种表面活性剂,能够吸附在金属设备表面,形成保护膜,使金属不被腐蚀。国内炼油厂常用的缓蚀剂有脂肪族酰胺类化合物(牌号7019)、氯化烷基吡啶(牌号4502)、多氧烷基咪唑啉油酸盐(牌号1017)等,效果都很好,但要根据原油性质选用。

c. 塔顶馏出线注水。由于氯化铵在水中的溶解度很大,所以在塔顶馏出管线注氨的同时,连续注水可洗去注氨时生成的氯化铵,也可降低常压塔顶馏出物中氯化氢和硫化氢的浓度,以保证冷凝冷却器的传热效果,防止设备的垢下腐蚀。连续注水量一般为塔顶总馏出量的5%～10%。

某厂常压塔顶馏出系统采用上述化学防腐措施之后,各部分腐蚀率对比结果见表4-28。

表4-28 工艺防腐措施效果对比表

防腐措施	碳钢腐蚀率/(mm/y)			
	塔顶筒体及头盖	上部塔盘	塔顶馏出线	空冷线
无任何措施	2	2	—	4
脱盐至5mg/L	0.1～0.2	1.7	0.1～0.2	2.0～2.5
脱盐至<5mg/L并注碱、氨、缓蚀剂和水	0.1	0.4	<0.1	0.1～0.2

表中数据说明用深度脱盐脱水及"三注"的化学防腐措施,对控制常压塔顶系统低温$HCl-H_2S-H_2O$型腐蚀效果是很显著的。

② 提高拔出率与分馏精确度。原油通过蒸馏得到的各馏分油的总和与原油处理量之比叫作总拔出率。各馏分油包括汽油、煤油、柴油、裂化原料、润滑油原料等(不包括减压渣油)。由于精馏塔的不同,又有常压塔拔出率和减压塔拔出率之分。

原油拔出率与原油的性质有着直接的关系,不同的原油,其拔出率是不同的。其次,原油蒸馏的技术条件也影响原油拔出率。

原油拔出率是设计原油蒸馏装置的一条主要依据,换句话说,对于一定的原油和装置,其拔出率在设计前就已确定了。当然,在实际生产过程中也可作适当调整。

在不影响质量的前提下,提高拔出率显然是有利的。常压塔的拔出率提高,可增加轻质油品的产量;减压塔拔出率提高,为深度加工创造了条件。但是,提高拔出率常常受到产品质量的制约,甚至会降低塔的分馏精确度,使产品质量下降。所以要合理地解决好拔出率与分馏精确度的关系。

由于常压与减压蒸馏生产的产品不同,又在两个不同的压力下操作,因此对拔出率和分馏精确度有不同的侧重。常压蒸馏生产轻质燃料,其馏分组成要求严格,所以以提高分馏精确度为主;减压系统当生产裂化原料时,对馏分组成要求不严,对馏出油只要求其残炭和重金属含量要少,在此前提下应尽可能提高拔出率。

提高常压塔分馏精确度的方法很多,主要为设计适宜的精馏塔,包括塔径、塔高、塔板等;平稳操作,对关键的操作参数要严格控制。

提高原油拔出率主要是提高减压塔的拔出率,或提高原油的切割深度。我国原油的切割深度一般为500℃或稍高,即减压蒸馏只能拔出沸点在500℃以前的馏分。而国外采用深度的切割技术,使减压蒸馏的切割温度最高达620℃。提高减压塔拔出率的关键是提高塔汽化段的真空度。在相同的汽化温度下,真空度愈高(或压力愈低),则油品汽化率愈高,塔的拔出率也就愈高。提高拔出率主要从几个方面着手:①完善和提高干式减压蒸馏技术,这是提高拔出率的重要途径;②细化操作方案,搞好平稳操作;③开展强化蒸馏的试验(即通过向油中加入某种添加剂,改变油的分散状态,以此来提高拔出率)等。

③ 节约能量降低消耗。炼油厂既加工能源,又在加工过程中消耗大量的能源,因此,提高炼油工业的能源利用率和降低能耗,对改善我国国民经济发展一直面临着能源供应紧张的局面有着重要意义。十几年来,在这方面取得了较显著的成绩,在较短时期使我国的炼油能耗迅速接近日美等发达国家的水平。

在原油加工能耗中,原油常减压蒸馏装置所占的比例从1980年的25.5%下降到了目前的20%以下。这几年中,通过调整换热流程,提高原油换热温度(最高达300℃以上);降低加热炉排烟温度(200℃左右),控制过剩空气系数等方法提高加热炉热效率(有的高达90%以上);发展干式减压蒸馏,降低蒸汽用量;开发低温余热利用,提高热回收率;优化操作,控制最佳回流比,推广调速电机,新型保温材料,磁化节油器等新技术,使常减压蒸馏装置的水、电、气、燃料油(气)的消耗大幅度降低。

除了继续应用上述节能措施外,还需通过以下几个途径来进一步降低原油常减压蒸馏装置的能耗。

a. 不断提高塔、加热炉和换热器的计算机应用软件精度并开发实用的优化软件;

b. 开发、完善和推广换热网络优化程序等;

c. 改进和提高现有干式减压蒸馏工艺,如液体分配器的研究、洗涤段操作、进料段以下的汽提等;

d. 对各种新开发的塔盘和填料进行筛选评价,从而提出优化匹配的应用方法;

e. 推广应用并优化筛选已开发成功的冷换设备,进一步提高传热效率;

f. 减少能量损失,主要是设备及管线的散热损失,其次,要加强低压燃料气的回收利用。

4.4.5 原油常减压蒸馏装置的操作

任何一个生产装置,要达到的目标为:高处理量、高收率、高质量和低消耗。而影响这一目标的因素主要有工艺技术和方法、设备的性能和结构、过程的控制和管理,其中以实际生产过程中的控制和管理,即生产操作技术的好坏尤为重要。为此,首先讨论影响蒸馏操作的主要工艺因素。

4.4.5.1 主要操作因素分析

(1) 常压系统

常压蒸馏系统主要过程是加热、蒸馏和汽提。主要设备有加热炉、常压塔和汽提塔。常压蒸馏操作的目标为提高分馏精确度和降低能耗为主。影响这些目标的工艺操作条件主要有温度、压力、回流比、塔内蒸气线速度、水蒸气吹入量以及塔底液面等。

① 温度。常压蒸馏系统主要控制的温度点有:加热炉出口、塔顶、侧线温度。

加热炉出口温度高低,直接影响进塔油料的汽化量和带入热量,相应地塔顶和侧线温度都要变化,产品质量也随之改变。一般控制加热炉出口温度和流量恒定。如果炉出口温度不变，回流量、回流温度、各处馏出物数量的改变，也会破坏塔内热平衡状态，引起各处温度条件的变化，其中塔顶温度对热平衡的影响最灵敏。加热炉出口温度和流量平稳是通过加热炉系统和原油泵系统控制来实现。

塔顶温度是影响塔顶产品收率和质量的主要因素。塔顶温度高，则塔顶产品收率提高，相应塔顶产品终馏点提高，即产品变重。反之则相反。塔顶温度主要通过塔顶回流量和回流温度控制实现。

侧线温度是影响侧线产品收率和质量的主要因素，侧线温度高，侧线馏分变重。侧线温度可通过侧线产品抽出量和中段回流进行调节和控制。

② 压力。油品汽化温度与其油气分压有关。塔顶温度是指塔顶产品油气（汽油）分压下的露点温度；侧线温度是指侧线产品油气（煤油、柴油等）分压下的泡点温度。油气分压越低，蒸出同样的油品所需的温度则越低。而油气分压是设备内的操作压力与油品摩尔分数的乘积，当塔内水蒸气吹入量不变时，油气分压随塔内操作压力降低而降低。操作压力降低，同样的汽化率要求进料温度可低些，燃料消耗可以少一些。因此，在塔内负荷允许的情况下，降低塔内操作压力，或适当吹入汽提蒸汽，有利于进料油气的蒸发。

③ 回流比。回流提供汽、液两相接触的条件，回流比的大小直接影响分馏的好坏，对一般原油分馏塔，回流比大小由全塔热平衡决定。随着塔内温度条件等的改变，适当调节回流量，是维持塔顶温度平衡的手段，以达到调节产品质量的目的。此外，要改善塔内各馏出线间的分馏精确度，也可借助于改变回流量（改变馏出口流量，即可改变内回流量）。但是由于全塔热平衡的限制，回流比的调节范围是有限的。

④ 气流速度。塔内上升气流由油气和水蒸气两部分组成，在稳定操作时，上升气流量不变，上升蒸气的速度也是一定的。在塔的操作过程中，如果塔内压力降低，进料量或进料温度增高，吹入水蒸气量上升，都会使蒸气上升速度增加，严重时，雾沫夹带现象严重，影响分馏效率。相反，又会因蒸气速度降低，上升蒸气不能均衡地通过塔板，也要降低塔板效率，这对于某些弹性小的塔板（如舌型），就需要维持一定的蒸气线速度。在操作中，应该使蒸气线速度在不超过允许速度（即不致引起严重雾沫夹带现象的速度）的前提下，尽可能地提高，这样既不影响产品质量，又可以充分提高设备的处理能力。对不同塔板，允许的气流速度也不同，以浮阀塔板为例，常压塔一般为 $0.8 \sim 1.1 \text{m/s}$，减压塔为 $1.0 \sim 3.5 \text{m/s}$。

⑤ 水蒸气量。在常压塔底和侧线吹入水蒸气起降低油气分压的作用，而达到使轻组分汽化的目的。吹入量的变化对塔内的平衡操作影响很大，改变吹入蒸汽量，虽然是调节产品质量的手段之一，但是必须全面分析对操作的影响，吹入量多时，增加了塔及冷凝冷却器的负荷。

⑥ 塔底液面。塔底液面的变化，反映物料平衡的变化和塔底物料在蒸馏塔的停留时间，取决于温度、流量、压力等因素。

(2) 减压系统

减压蒸馏操作的主要目标是提高拔出率和降低能耗。因此，影响减压系统操作的因素，除与常压系统大致相同外，还有真空度。在其他条件不变时，提高真空度，即可增加拔出率。对拔出率直接有影响的压力是减压塔汽化段的压力。如果上升蒸气通过上部塔板的压力降过大，那么要想使汽化段有足够高的真空度是很困难的。影响汽化段的真空度的主要因素有以下内容。

① 塔板压力降。塔板压力降过大，当抽空设备能力一定时，汽化段真空度就越低，不

利于进料油汽化，拔出率降低，所以，在设计时，在满足分馏要求的情况下，尽可能减少塔板数，选用阻力较小的塔板以及采用中段回流等，使蒸气分布尽量均匀。

② 塔顶气体。导出管的压力降为了降低减压塔顶至大气冷凝器间的压力降，一般减压塔顶不出产品，采用减一线油打循环回流控制塔顶温度，这样，塔顶导出管蒸出的只有不凝气和塔内吹入的水蒸气，由于塔顶的蒸气量大为减少，因而降低了压力降。

③ 抽空设备的效能。采用二级蒸汽喷射抽空器，一般能满足工业上的要求。对处理量大的装置，可考虑用并联二级抽空器，以利于抽空。抽空器的严密程度和加工精度、使用过程中可能产生的堵塞、磨损程度，也都影响抽空效能。

④ 其他影响因素。除上述设备条件外，抽空器使用的水蒸气压力、大气冷凝器用水量及水温的变化，以及炉出口温度、塔底液面的变化都影响汽化段的真空度。

4.4.5.2 主要调节方法

以上只是定性地讨论了影响常减压蒸馏装置的操作因素及调节的一般方法，这些因素对操作的影响都不是孤立的，在实际生产中，原料性质及处理量、装置设备状况、操作中使用的水蒸气、水、燃料等都处于不断变化之中，影响正常操作的因素是多方面的。平稳操作只能是相对的，不平稳是绝对的。平稳操作只是许多本来就互相矛盾、不断变化的操作参数，在一定条件下统一起来，维持暂时的、相对的平衡。

（1）原油组成和性质变化

原油组成和性质变化包括原油含水量的变化和改炼不同品种的原油。原油含水量增大时，通常表现为换热温度下降，原油泵出口压力增高，预汽化塔内压力增高、液面波动，以致造成冲塔或塔底油泵抽空等，此时应针对发生的情况进行调节。改炼不同品种原油时，操作条件应按原油的性质重新确定。如新换原油轻组分多，常压系统负荷将增大，此时，应改变操作条件，保证轻组分在常压系统充分蒸出，扩大轻质油收率，不至于因常压塔底重油中轻组分含量增高，使减压塔负荷增大，因而影响减压系统抽真空。当常压塔将轻组分充分拔出时，减压系统进料量会相应减少，会出现减压塔底液面及馏出量波动等现象，不易维持平稳操作。此时，应全面调整操作指标。相反，原油变重时，常压重油多，减压负荷大，应适当提高常压炉出口温度或加大常压塔吹汽量，以便尽可能加大常压塔拔出率。同时，因原料重，减压渣油量也相应地增多，需特别注意减压塔液面控制，防止渣油泵抽出不及时，造成侧线出黑油，以致冲塔。

这种依据原油性质不同，调整设备之间负荷分配的方法，应该根据设备负荷的实际情况加以采用。例如常压塔负荷已经很大时，改炼轻组分多的原油，就必须将常压炉出口温度控制得低些，否则，大量轻油汽化，雾沫夹带严重，影响分离精确度，炉子也会因为负荷的增加，炉管表面热强度超高，引起炉管局部过热结焦，甚至烧坏。

（2）产品质量变化

产品质量指标是很全面的，但是由于蒸馏所得的多为半成品，或是进一步加工的原料，因此，在蒸馏操作中，主要控制的是与分馏效果好坏有关的指标，包括馏分组成、闪点、黏度、残炭值等。从蒸馏操作来说，蒸馏产品质量的变化，不外乎头轻或尾重。

① 头轻。表现为初馏点低，对润滑油馏分表现为闪点低、黏度低，说明前一馏分未充分蒸出，这不仅会影响该油品的质量，而且还会影响上一油品的收率。处理方法是提高上一侧线的馏出量，使塔内下降的回流量减少，馏出温度升高或加大本线汽提蒸汽量，均可使轻组分被赶出，解决初馏点低、闪点低的问题。

② 头重。初馏点偏高,常常由于上一侧线抽出量过多,处理办法是适当减少上一侧线抽出量。

③ 尾轻。终馏点偏低,使本馏分产品收率降低,处理方法是增大本侧线抽出量或开侧线下流阀,使本侧线馏分完全抽出。

④ 尾重。表现为终馏点高,凝固点高(冰点、浊点高),润滑油表现为残炭值高,说明下一馏分的重组分被携带上来,不仅本线产品不合格,也会影响下一线产品的收率。处理方法是降低本侧线的馏出量,使回到下层去的内回流加大,温度降低,或者减少下一线的汽化量,均可减少重组分被携带的可能性,使终馏点、凝固点、残炭值等指标合格。

(3) 产品方案变化

原油蒸馏加工方案的改变,大的方面有燃料型、化工型和润滑油型这三种不同蒸馏方案改变,小的方面有喷气燃料和灯煤蒸馏方案改变。但这些方案的改变,都可以通过改变塔顶和抽出侧线的温度和抽出量实现。

(4) 处理量的变化

当原油组成和性质及加工方案没有改变的情况下,处理量的变化使整个装置的负荷都有变化。在维持产品收率和确保质量的前提下,必须改变操作条件,使装置内各设备的物料和热量重新建立平衡。

一般提量时,应先将炉出口温度升起来,开大侧线馏出线,泵流量按比例提高,各塔液面维持在较低位置,做好增加负荷的准备工作。提量过程中,应随时注意各设备之间的物料平衡和热量平衡,要设法控制炉出口温度平稳,以利于调整其他操作。

处理量的变化,塔顶、侧线等处温度条件也应改变。例如当处理量增大时,塔内操作压力必然升高,油气分压也要升高,此时塔顶、侧线温度也要相应提升,否则产品就要变轻。

4.5 装置开停工操作方案

常减压蒸馏装置建成后或经过一个生产周期,在检修完毕后,应尽快地、安全地投入生产。根据多年来装置开工的实践经验,要做到开工一次成功。

4.5.1 开工

(1) 开工前的准备

准备好开工的必要条件:查验检修或新建项目是否全部完成;制订切实可行的开工方案;组织开工人员熟悉工艺流程和操作规程;联系好有关单位,做好原油、水、电、蒸汽、压缩风、燃料油、药剂、消防器材等的供应工作;通知调度室、化验分析、仪表、罐区等单位做好配合工作。

(2) 设备及生产流程的检查

设备及生产流程的检查工作是对装置所属设备、管道和仪表进行全面检查:包括管线流程是否有误;人孔、法兰、垫片螺帽、丝堵、热电偶套管和温度计套是否上好;放空阀、侧线阀是否关闭;盲板加拆位置是否符合要求;安全阀定压是否合适。要做到专人负责,落实无误。机泵润滑和冷却水供应是否正常,电机旋转方向是否正确,运转是否良好,有无杂音和振动。炉子回弯头、火嘴、蒸汽线、燃料油线、瓦斯线、烟道挡板、防爆门、鼓风机等部件是否完好。

蒸汽吹扫是对装置所有工艺管线和设备进行蒸汽贯通吹扫,排除杂物,以便检查工艺流程是否有错误,管道是否畅通无阻。

蒸汽吹扫时应注意以下事项。

① 贯通前应关闭仪表引线,以免损坏仪表。管线上的孔板、调节阀应拆下避免被杂质损坏。机泵和抽空器的进口处加过滤网,以防杂质进入损坏内部零件。

② 蒸汽引入装置时,先缓慢通入蒸汽暖管,打开排水管,放出冷凝水,以免发生水击和冷缩热胀事故,然后逐步扩大到工作压力。

③ 蒸汽贯通应分段、分组按流程方向进行,蒸汽压保持在8MPa左右,蒸汽贯通的管道,其末端应选在放空或油罐处;管道上的孔板和控制阀处应拆除法兰除渣;有存水处须先放水,再缓慢给汽,以免水击;吹扫冷换设备时,另一程必须放空,以免憋压。

④ 对新建炉子,在蒸汽贯通前,须进行烘炉。

⑤ 装置内压力表必须预先校验,导管要预先贯通。

(3) 设备及管道的试压

在开工时要对设备和管道进行单体试压。通过试压过程来检查施工或检修质量,暴露设备的缺陷和隐患,以便在开工进油前加以解决。试压标准应根据设备承压和工艺要求来决定,对加热炉和换热器一般用水或油试压,对管道、塔和容器一般用水蒸气试压。塔和容器试压时应缓慢,不能超过安全阀的定压。减压塔应进行抽真空试验。试压发现问题,应在放压排凝后进行处理,然后再试压至合格为止。

(4) 柴油冲洗循环

洗循环目的是清除设备内的脏物和存水、校验仪表、缩短冷循环及升温脱水时间以利于安全开工。进柴油前,改好冲洗流程,与流程无关的阀门全部关死以防窜油、跑油。冲洗流程应与原油冷循环流程相同,按照塔的大小,选择合理的柴油循环量。柴油进入各塔后,需进行沉降放水,然后再启动塔底泵,进行闭路循环,并且严格控制各塔底液面,防止满塔,有关的备用泵及换热器的正、副线都要冲洗干净。柴油冲洗完成后,将柴油排出装置,有过滤网处拆除排渣,然后上好法兰,准备进油。

(5) 开工操作

第一步是原油冷循环。目的是检查工艺流程是否有误,设备和仪表是否完好,同时赶出管道内的部分积水。冷循环流程按正常操作的流程进行,如图4-13所示。循环正常后,就可以转为热循环。

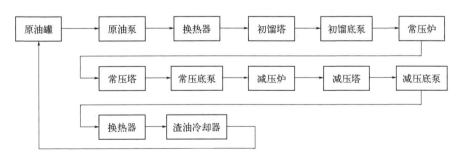

图4-13 原油蒸馏冷循环流程示意图

冷循环开始前,应做好燃料油系统的循环和加热炉炉膛吹汽,做好点火准备。冷循环开始后,为保证原油循环温度不降下来,常压炉、减压炉各点一只火嘴进行加热。注意点炉火前，炉膛应用蒸汽吹扫，以保安全。

进油总量应予控制，各塔液面维持在中下部，注意各塔底脱水。启动空冷试运，大气冷凝器给水，维持一定真空度，以利于脱水。各塔回流系统要进行赶水入塔，以便在各塔进行脱水时脱除，以防止升温后所存水分进入塔内，引起事故。原油冷循环时间，一般4h即可。

第二步是原油热循环及切换原油。在原油冷循环的基础上，炉子点火升温，过渡到正常操作的过程，称热循环。

热循环有三个内容：升温、脱水和开侧线。整个过程贯穿升温，升温分两个步骤，前阶段主要是升温脱水，这是关键操作，后阶段主要是开侧线。

要严格控制升温速度，速度过快会造成设备热胀损坏，系统中水分或原油轻组分突沸，甚至造成冲塔事故，后果严重，应认真操作。

热循环流程与冷循环时相同：开始升温至150℃以前，原油和设备内的水分很少汽化，升温速度可快些，以每小时50～60℃为宜。炉出口温度160～200℃，水逐渐汽化，升温速度放慢到每小时30～40℃，炉出口温度200～240℃时，是脱水阶段，为了使水分缓慢汽化，逐步脱除，升温速度要再慢一些，以每小时10～15℃为宜。速度过快，会造成大量水分突沸，引起冲塔等事故。按此速度继续升温，充分预热设备到250℃，恒温2h，进行全装置检查和必要的热紧。

脱水阶段应随时注意塔底有无声响，塔底由有声响变成无声响时，说明水分已基本脱尽。注意回流罐脱水情况，水分放不出时，说明水分已基本脱尽。此外，还要注意塔进料和塔底的温度差，温差小或温差恒定时，都说明水分已基本脱尽。

脱水完全程度决定下阶段的正常进油能否实现，脱水过程应将所有机泵，包括塔底备用泵，分别启动，用热油排出泵内积水。各侧线和中段回流等塔侧线阀门均应打开排水。

脱水阶段要严格防止塔底泵抽空，发生抽空时，可采取关闭泵出口阀憋压处理，待上油后再开出口阀，快速升温，度过脱水期。如原油含水过多，可降温脱水或重新进行热油循环置换，抽空时间过长，也可暂停进料，待泵上油后，再行调整。

脱水阶段还应注意各塔塔顶冷凝冷却器的正常操作，加热炉点火前，即应通入冷却水，防止汽油蒸气排入大气，引起事故。

脱水阶段结束后，可加快升温速度，一般控制在每小时50℃左右，直至370℃左右为止。

改好各塔回流管线流程，准备启动回流泵，当初馏塔和常压塔塔顶温度达100℃时，开始打入回流。回流罐水面要低，严防回流带水入塔，同时开好中段回流。

当常压炉出口温度达270～280℃时，塔底泵会因油品汽化而抽空，所以，在此温度以后，常压塔应自上而下逐个开好侧线，280℃时开常一线、300℃开常二线、320℃开常三线，操作基本正常后，开启初馏塔侧线油进入常压塔上部作中段回流。

开侧线前，应对侧线系统流程进行放水和蒸汽贯通预热，直至汽提塔有液面时，停吹通用蒸汽，启动侧线泵，将油品送入废油罐，待油品合格后，再送入成品罐。

随着炉出口温度的升高，过热蒸汽温度也相应升高，达到350℃以后，开始吹入塔内，吹前应放尽冷凝水。

常压开完侧线，常压炉出口温度达320℃以后，开始减压炉点火升温，并开始抽真空。

根据经验，减压系统应采取快升温和快抽真空的操作，升温速度可控制在每小时30～40℃，直至410℃，当减压炉出口达340℃时开始抽真空，并自上而下逐个开好侧线，此时应迅速将真空度提到规定指标。侧线油应全部作回流，不出装置。

当常压炉出口温度达320℃，侧线已开正常，各塔液面已维持好，炉子流量平稳，就应停止热循环，切换原油。炉子继续升温，启用主要流量仪表，并进行手动控制。

当减压侧线来油正常，塔顶温度达110～120℃时，开始减压塔顶打回流，侧线向装置外送油。

按产品方案调整操作，使产品质量尽快达到指标。产品质量合格后进入成品罐，并逐步提高处理量。在操作过程中，必须掌握好物料平衡。由于物料平衡的变化具体反映在塔底的液面上，因此，对各塔液面的变化，必须加强观察和调整。在开工前应根据循环量的大小，仪表流量系数大小，估算出原油总流量、分流量、各塔底抽出量和侧线抽出量的大致范围，以便于操作中参考。

热循环和原油切换阶段，要做到勤检查、勤调节、勤联系，严格执行开工方案，做好岗位协作，防止"跑、冒、串、漏"等事故。

4.5.2 停工

生产装置运转一定的生产周期后，由于设备长期运转，会出现一些不正常现象。例如换热器、冷却器由于污垢沉积，传热能力降低，原油换热和产品冷却达不到要求温度，炉管内结焦，造成压力降增加，传热能力降低；精馏塔内由于塔板腐蚀、油泥、油焦堵塞或松动使分馏效果降低等，或为了进行技术革新，或发生意外的情况，都需要把装置停下来进行设备的检修和改造。

（1）停工前准备

在停工前要制订停工方案，组织有关人员熟悉停工流程，停工要做到安全、迅速，为装置安全检修创造良好条件。停炉前一天，要把瓦斯系统处理干净，烧瓦斯的改烧燃料油，所有的瓦斯罐、管线、加热炉等都用蒸汽吹扫干净。

掌握好燃料油存油量，在熄火后使罐内存油最少，同时，燃料油系统预先打循环，防止熄火过程中凝结管线。做好循环油罐、扫线放空的污油罐和蒸汽的准备工作。

（2）降低处理量

降低处理量（降量）初期，一般维持炉出口温度不变，使产品质量不致因降量而不合格。随着处理量的降低，装置内各设备负荷随之降低，为了不损伤设备，要求降量的次数多一些，做到均匀降量，降量速度一般以每小时降原油流量的10%～15%为宜。随着降量，加热炉热负荷也相应降低，此时应调节火嘴和风门，使炉膛温度均匀下降。降量过程还应适当减少各处汽提用水蒸气量，关小侧线出口阀，保证产品能够继续合格送入成品罐。同时，维持好塔底液面，掌握好全装置的物料平衡。在侧线抽出量逐渐降低时，相应减少冷却水量，使出装置油品温度在正常范围以内。

（3）降温和关侧线

当处理量降到正常指标的60%～70%时，此时已很难维持平稳操作，开始降温。降温以每小时40℃的速度进行，炉膛温度下降速度每小时不宜超过100℃。当常压炉出口温度降到280～300℃时，减压炉出口降到340～350℃时，自下而上关闭侧线和中段回流。在关侧线后，侧线冷却器停止供水，放掉存水，并对侧线系统进行顶油和初步吹汽，防止存油凝结管线。当炉出口过热蒸汽温度低于300℃时，停止所有汽提用蒸汽，并进行放空。

在降低炉出口温度的同时，开始降低减压塔的真空度，降低真空度应缓慢进行，先停一级抽空器,再停二级抽空器,此时应注意不能因停抽空器,使外界空气吸入减压塔造成事故。

(4) 循环和熄火

常压侧线关闭后,即可停止进原油,改为热循环,循环流程与开工时原油冷循环流程相同,此时,减压渣油不送出装置,经循环线送至原油泵出口管线,进入系统循环,此时应注意循环油进入换热系统时,温度不能超过100℃。改热循环时,应注意装置内循环油量不能太多,否则会造成冲塔事故,要注意平衡各塔液面,不使泵抽空。在热循环时,要在高温下对要拆卸的螺丝(泵进、出口法兰,人孔,炉子回弯头等处的螺丝)加油去锈,以便停工后拆卸。炉温降到180～200℃,各塔顶温度低于100℃,停止循环,加热炉全部熄火,炉膛吹汽。炉膛降温应缓慢均匀,直到炉膛温度低于200℃时,再打开通风门,以加快炉膛冷却速度。加热炉熄火后,应及时将装置内全部存油送出装置,循环油经渣油线送出,待全部存油送出后,停泵。

(5) 蒸汽吹扫

停止循环后,所有设备的管线,尤其是原油、渣油、燃料油等都应立即用蒸汽吹扫干净。残留在成品油管线内的油品扫入成品罐,残存在塔和连接管线的油,全部送到循环油罐;加热炉炉膛全部熄火后,应用蒸汽吹出残存可燃气。吹扫流程与开工贯通流程相同,扫线时应分批分组进行,先重油后轻油,先系统后单体。机泵内的存油,可由入口处给汽,缓慢扫出,以泵不转为原则并应防止水击。换热器扫线时,若为分路换热,要分组集中扫,扫其中一组时,其他组关闭,待各组扫完后,再合并总扫一遍,至扫净为止。并将残存油、水放净。清扫时,先把换热器管线扫好,以防留有死角。换热器本身吹扫时,原油线应从前往后扫,各侧线及渣油线从前到后,逐台扫净。加热炉和塔可连在一起吹扫。

塔底泵将塔底存油抽出至污油罐,当塔内油抽净后,即可进行吹扫,方法是将预汽化塔内充汽,正扫常压炉4h后,进行炉子倒扫,由炉出口管线吹汽,由进口管线排空,扫至不带油为止,以防辐射管中存油。常压塔抽净后,扫减压炉,扫8h后进行倒扫,扫至不带油。常压、减压侧线停掉后,将汽提塔内存油抽尽,然后分段扫抽出线和挥发线,先扫抽出线,后扫挥发线,最后将塔部的油和水放掉。各塔(包括汽提塔)分别从塔底给汽,进行蒸塔,一般8h即可,如无热水冲洗,则需吹汽蒸塔24h。

(6) 热水冲洗

当主要管线及设备吹扫及蒸塔完毕后,即可进行热水循环处理,其目的是将管线和塔板上的存油用热水洗净带出。热水循环流程与开工循环流程相同。

一般由泵抽水从回流管线向塔内装水,一边装水,一边循环加热,各加热炉点火。保持炉出口温度85～95℃,从上到下将各塔冲洗8h左右。热水循环过程,应将初馏塔顶、常压塔顶回流罐人孔打开,并要注意水温不能过高,防止水汽化,造成水击。

热水循环结束后,应集中热水向初馏塔装水,边装边循环,将初馏塔装满后,从塔顶回流罐人孔放水,待水中不含油为止。然后集中向常压塔装水,装满后从回流罐人孔放水,至水中不带油为止。最后集中向减压塔装水,装满后从大气腿放水,直至不带油为止。每当装满一个塔时,启动该塔各侧线抽出泵,抽热水回流至原塔,冲洗管线10～15min,然后停泵,放空管线和塔内存水。

装置内所有回流罐、油罐及容器,都要给汽吹扫,给汽时间不得小于12～16h。为了确保安全检修,各塔在热水冲洗结束后,将水放净,再次吹水蒸气8h以上,逐出可能的存油,然后停汽放空,打开上、下部人孔进行冷却(先打开上部人孔,后开下部人孔,防止油气蔓延装置)。排净设备和管线中的冷凝水,特别在冬季,注意防冻,避免因存水冻坏管线、阀门和机泵。

(7) 加拆盲板、确保安全

通往装置外的原油线,各侧线送往罐区的管线,出装置的瓦斯线、燃料油线等都要在适当部位加上盲板,切断与外单位的联系,同时切断各设备间的联系,确保装置动火安全。

4.5.3 常见事故及处理

下面简单分析几种常见事故的原因、现象及处理方法。

4.5.3.1 塔内塔盘冲翻或堵塞

(1) 原因

① 操作不稳,波动过大。
② 原料或过热蒸汽大量带水。
③ 真空度剧烈波动,开工抽真空速度过快造成。
④ 原油中的氯化物高温分解生成铵盐,堵塞塔盘或降液管。
⑤ 塔盘安装质量差,或塔盘被腐蚀。

(2) 现象

① 塔顶温度及压力无法稳定,变化无常。
② 侧线或中段回流抽出量不稳。
③ 塔内分馏效果变差,馏分重叠严重。
④ 塔进料压力变大。

(3) 处理方法

① 不严重时可适当降低处理量,尽量平稳操作,不人为造成波动。
② 严重时,及时汇报厂有关单位,做好停工抢修的安排。

4.5.3.2 分馏塔冲塔

(1) 原因

① 原油罐油位过低,换罐阀门开错或所换罐的管线冻凝。
② 原油系统管线阀门故障。
③ 原油泵故障。
④ 脱盐罐阀门或混合阀故障。

(2) 现象

原油中断。

(3) 处理方法

① 原油泵故障要切换备泵。
② 原油泵无问题要及时联系油品换罐与检查管线,阀门是否有故障。
③ 装置内阀门故障时要及时开副线或将混合阀改手动调节。
④ 短时间中断立即降量,保持塔底液面,炉子降温。

4.5.3.3 原油中断

(1) 原因

① 原油含水过多,电脱盐送电不正常。

② 回流带水。
③ 过热蒸汽压力过大，汽提量大。
④ 塔压大幅度变化，塔内气速变化大。
⑤ 过热蒸汽温度低，大量带水。
⑥ 进料量大，塔超负荷。
⑦ 塔盘结盐或降液管堵塞。
⑧ 进料温度突变，塔底液面较高。
⑨ 进料油轻组分较多，或带水。

（2）现象
① 塔顶压力和进料的压力升高。
② 油品变黑，侧线温度上升。
③ 塔顶湿度上升，塔底液面突然下降或变化。

（3）处理方法
① 联系调度，把不合格油品转入不合格罐。
② 查明引起冲塔的原因，针对不同原因进行处理
③ 冲塔时要减少或停止塔底吹蒸汽，塔顶气放空。
④ 必要时炉子可稍稍降温，降低处理量。进料带水可将初塔顶温度升高一些，加强相关设备的排水。
⑤ 减压塔视情况可适当降低真空度。

4.5.3.4 管网瓦斯带油

（1）原因
① 装置外瓦斯油气分离不好。
② 汽油或液态烃串入瓦斯管线。

（2）现象
① 炉膛及炉出口温度急剧上升。
② 炉子烟囱冒浓烟。
③ 瓦斯火嘴下部滴油着火。

（3）处理方法
① 立即停烧瓦斯，关闭各炉瓦斯控制阀的上、下游阀。
② 联系调度及管网车间查明原因。
③ 安全地将瓦斯分液罐中的油倒出。
④ 待正常后，开汽向瓦斯扫线，再逐个火嘴引烧瓦斯。

4.5.3.5 原油带水

（1）原因
① 原油罐未切水，含水过大引起脱盐跳闸。
② 注水量过大或脱盐罐水位过高，引起跳闸。

（2）现象
① 电脱盐罐电流上升，电压下降，警铃响，红灯灭，绿灯亮。
② 原油泵和接力泵电流上升。
③ 初馏塔顶压力上升，初顶回流罐和初顶产品罐界位升高，排水量增大。

④ 原油系统换热器压力增大，原油量下降，原油换热后温度下降。
⑤ 炉子进料压力增大，出口温度下降，负荷上升，初馏塔顶温度上升。
⑥ 严重带水时会使初馏塔和常压塔塔顶安全阀跳闸，造成塔冲油，塔底泵抽空。

（3）处理方法

① 如果是原油带水严重，要联系油品换罐，脱盐罐应停注水，将脱盐罐的水位降低，并加大破乳剂的注入量。
② 如果是脱盐水位高引起的，应停止注水，将脱盐罐的水位放到最低，想办法及时送上电。
③ 降低处理量，使换热器、炉子、塔不要超负荷过多。
④ 调整操作，将初馏塔顶温度降低（不低于100℃），使水分从塔顶出去，不影响常压系统，但是要注意催化重整后的物料（简称重整料）的油色。
⑤ 初馏塔顶出重整料时，可将重整料转入汽油罐，初侧线要及时停掉。
⑥ 注意初顶回流罐和初顶产品罐及常顶产品罐的界位，不要使界位超高引起回流带水。

4.6 主要工艺设备控制指标

4.6.1 闪蒸塔T-101

闪蒸塔各段的控制指标如表4-29所示。

表4-29 闪蒸塔各段指标参数

名称	温度/℃	压力（表）/MPa	流量/(t/h)
进料流量	235	0.062	126.262
塔底出料	228	0.065	121.212
塔顶出料	230	0.065	5.05

4.6.2 常压塔T-102

常压塔各段的控制指标参数如表4-30所示。

表4-30 常压塔各部分的指标参数

名称	温度/℃	压力（表）/MPa	流量/(t/h)
常顶回流出塔	120	0.058	—
常顶回流返塔	35	—	10.9
常一线馏出	175	—	6.3
常二线馏出	245	—	7.6
常三线馏出	296	—	8.94
进料	345	—	121.2121
常一中出/返	210/150	—	24.99
常二中出/返	270/210	—	28
常压塔底	343	—	101.8

4.6.3 减压塔

减压塔各段的控制指标参数如表4-31所示。

表4-31 减压塔各段的指标参数

名称	温度/℃	压力（表）/MPa	流量/（t/h）
减顶出塔	70	−0.09	—
减一线馏出/回流	150/50	—	17.21/13.45
减二线馏出	260	—	11.36
减三线馏出	295	—	11.36
减四线馏出	330	—	10.10
进料	385	—	—
减一中出/返	220/180	—	59.77
减二中出/返	305/245	—	46.687
脏油出/返	—	—	—
减压塔底	362	—	61.98

4.6.4 常压炉F-101，减压炉F-102、F-103

常压炉（F-101）和减压炉（F-102和F-103）的指标参数如表4-32所示。

表4-32 常压炉和减压炉的指标参数

名称	氧含量/%	炉膛负压（mmHg）	炉膛温度/℃	炉出口温度/℃
F-101	3～6	−2.0	610	368.0
F-102	3～6	−2.0	770	385.0
F-103	3～6	−2.0	730	385.0

【思考题】

1. 什么叫石油？它的一般性质如何？
2. 石油中的元素组成有哪些？它们在石油中的含量如何？
3. 什么叫分馏、馏分？它们的区别是什么？
4. 什么是胶质、沥青质？它们有什么不同？在石油加工及在产品中有何害处？
5. 什么叫蒸气压？纯物质及混合物的蒸气压与哪些因素有关？为什么？
6. 什么叫馏程（沸程）、恩氏蒸馏的初馏点、终馏点？
7. 什么是油品的特性因数？为什么特性因数的大小可以大致判断石油及其馏分的化学组成？
8. 石油产品可以分为哪几大类？
9. 为什么汽油机的压缩比不能设计太高，而柴油机的压缩比可以设计很高？
10. 什么是辛烷值？其测定方法有几种？提高辛烷值的方法有哪些？

11. 为什么对喷气燃料要同时提出相对密度和发热值的要求？要作到大相对密度、高发热值是否有矛盾？为什么？

12. 原油预处理的目的是什么？

13. 原油在脱盐之前为什么要先注水？脱后原油的含水、含盐指标应达到多少？

14. 原油常减压蒸馏的类型有哪几种？什么叫原油的汽化段数？增加汽化段数的目的是什么？

15. 原油常减压蒸馏中采用初馏塔的原因是什么？设置初馏塔有什么优缺点？初馏塔是否都要开侧线？开侧线的原因是什么？

16. 回流的作用是什么？

17. 在精馏塔精馏段中，为何越往塔顶内，回流量及蒸气量均越大？

18. 中段循环回流有何作用？为什么在油品分馏塔上经常采用，而在一般化工厂精馏塔上并不使用？

19. 原油精馏塔底为什么要吹入过热蒸汽？它有何作用及局限性？

20. 原油入塔前为何一定要有一定的过汽化度？

21. 减压塔的真空度是怎样产生的？

22. 蒸汽喷射泵的结构和工作原理是什么？

23. 油品分馏塔中相邻两馏分的分离精确度如何表示？

24. 减压塔有何特点？

25. 原油换热流程设计应遵循怎样的原则？换热流程优化的标志是什么？

26. 常减压蒸馏装置设备的腐蚀分几种？常用的防腐措施有哪些？它们的作用及注入部位如何？

27. 当某侧线馏出油出现下列质量情况时，应作怎样的操作调节？

① 头轻（初馏点低或闪点低）。

② 尾重（终馏点高、凝点高或残炭值高）。

项目 5
原油常减压蒸馏生产性实训装置操作

项目导入

常减压蒸馏是炼油厂中最关键的单元操作之一，主要用于将原油通过加热和蒸馏的方式，分离出汽油、煤油、柴油、重油等不同沸点范围的组分。在经过常减压蒸馏装置仿真操作后，进行常减压蒸馏装置实训。通过模拟常减压蒸馏装置的实际生产过程，可了解并掌握常减压蒸馏的基本原理、工艺流程、设备构造以及操作规程，提高对炼油工艺的认识和实践操作能力。

项目概述

本项目的实训任务包括装置的正常开车与正常停车。要求能够根据工艺要求进行常减压生产装置的间歇操作；能够在操作进行中熟练调控仪表参数，保证生产维持在工艺条件下正常进行。能实现手动和自动无扰切换操作。能熟练操控DCS控制系统。

任务1　开车前准备

任务描述

化工装置的开车是一个十分重要的过程，需要遵循相关操作规定，确保顺利开车。准备工作包括劳保服的准备、检查现场环境是否合适、掌握装置的概况和生产原理、熟悉操作规程、安排人员和分工任务等。做好以上工作，为开车做好充分准备。

任务实施

确定好岗位操作员分组，并严格按照安全操作规程协作操控装置，确保装置安全运行。

操作员在进行安全规定、装置工艺流程和操作规程考核合格后方可进行实训装置操作。

进入精馏实训现场，统一着工作服、戴安全帽，禁止穿钉子鞋和高跟鞋，禁止携带火柴、打火机等火种和禁止携带手机等易产生静电的物体，严禁在实训现场抽烟。

对装置进行检查，确保处于正常状态。启动相关设备的电源，登录系统，进入准备开车状态。

任务考核

对劳保穿戴、安全规定、装置工艺流程、操作规程进行考核打分；对装置预启动进行打分。

任务2　常减压蒸馏装置的开车、正常运行与停车操作

任务描述

在规定时间内（一般为90min），在实训装置上完成常减压操作全过程。

任务实施

在完成开车前准备工作后，在规定时间内进行开车、稳定运行和停车操作。通过控制塔釜液位、常减压炉出口温度、积液箱液位、回流罐液位等参数，保持稳定运行，及时做好数据记录、填写操作表。正确判断装置的运行状态，分析出现参数异常的原因，及时排查使装置正常运行。如若出现突发事故，应当根据操作规程进行紧急停车，冷静处置，并按要求及时启动实训现场突发事件应急处理预案。

任务考核

根据规范操作及安全与文明生产状况进行考核，满分100分。要求先制订合适的小组实施方案，然后进行操作，完成工作任务。

考核项目由三部分组成：精馏操作技术指标（70%）、规范操作（20%）和安全与文明操作（10%）。其中，精馏操作技术指标得分由系统自动评分，考核表评分规则和各项评分占比可根据实际情况适当修改。

原油预处理操作报表如表5-1所示。

常减压部分的操作报表如表5-2所示。

表5-1 原油预处理操作报表

序号	参数														
	T/℃			p/kPa			F/(m³/h)				L/mm				
	进脱盐混合器原油温度 TIC004	原油进初馏塔温度 TI006	初馏塔顶蒸汽出口温度控制 TICA009	1#脱盐罐压力 PI001	初顶回流罐压力 PIC002	2#脱盐罐压力 PI007	原油流量 FIC001	脱盐泵出口流量 FIC002	破乳剂泵出口流量 FI003	初底油流量控制 FIC005	原油罐液位 LI001	破乳剂罐液位计 LI002	水罐液位计 LI003	初馏塔釜液位 LIC008	初顶回流罐液位 LICA009	初顶回流罐界位 LIC010	2#脱盐罐液位 LI027
1																
2																
3																
4																
5																
6																
7																
8																
9																
操作计时																
异常情况记录																

操作人:　　　　　　　　　　　指导老师:　　　　　　　　　　　日期:

表5-2 常减压操作报表

序号	T/°C					p/kPa			F/(m³/h)							L/mm			
	常压炉膛炉温度 TICA012	常压塔进料温度 TICA013	常压塔顶出口蒸汽温度 TIC018	减压炉炉腔温度 TICA025	减压塔进料温度 TICA026	减压塔顶处温度 TIC033	常顶回流罐压力控制 PIC008	减压塔顶出塔管路压力控制 PICA005	减顶油水分离罐压力 PI006	常压炉减渣燃料流量控制-副 FIC005	常顶回流量控制-副 FIC009	常一出塔流量控制 FIC012	常二出塔流量控制 FIC013	减压炉减渣燃料流量控制 FIC024	减顶汽油原出口流量控制 FIC025	减一回流流量控制 FIC028	减二回流流量控制 FIC031	常压塔釜液位 LICA011	常顶回流罐液位 LICA016	常顶回流罐界位 LIC017	减顶油水分离罐液的 LICA021	减顶油水分离罐界位 LIC026
1																							
2																							
3																							
4																							
5																							
6																							
7																							
8																							
9																							
操作计时																							
异常情况记录																							

操作人： 指导老师： 日期：

【相关知识】

5.1 常减压蒸馏装置概况

即包含初馏塔-常压炉-常压塔-减压炉-减压塔两炉三塔流程的化工仿真装置。此装置是以原油加工能力为350万吨/年的工厂装置为设计背景,将设计按10:1左右的比例缩小而成。

本装置主要特点:

① 本装置是由原油电脱盐、常压蒸馏、减压蒸馏三部分组成的联合装置。

② 本装置充分体现现代石油加工企业节能理念,利用系统的高温待冷却物料加热低温待加热物料。

③ 本装置充分体现环保理念,采用污染物零排放,局部利用水和空气做演示,保证操作环境的安全。

④ 该装置既可全流程整体运行,又可分工段独立运行。

5.2 常减压蒸馏装置工艺流程

工艺流程由以下四个部分组成。

(1) 原油的换热和脱盐

原油(25℃左右)由原油罐区经原油泵P001抽出依次与常一中-原油换热器E014、常二线-原油换热器E001、常三线-原油换热器E002、减低渣油-原油换热器E004进行换热到120℃左右。

脱前原油经换热后的原油,与一定量的新鲜水和脱乳剂一起进入脱盐混合器V008混合,进入电脱盐罐V007脱盐。

经过脱盐脱水的脱后原油,与减底渣油-原油换热器E008换热升温至218℃左右进入初馏塔,进行原油拔头。

(2) 初馏塔系统和拔头原油的换热

换热后的218℃左右的脱后原油进入初馏塔T001第21块塔盘上,进行蒸馏。塔顶油气经初顶油气冷却器E009冷至40℃以下,注入初顶回流罐V009进行油水分离,分出的水排入含油污水沟,而低压瓦斯可去瓦斯总管或去常压炉烧掉。初顶油由初顶泵P005分两路送出,一路作塔顶冷回流,另一路与常顶油混合作为宽馏分汽油出装置。

初馏塔底油经初底油泵P004抽出至常压炉F001,进入常压炉辐射室加热,加热至365℃左右进入常压塔T002进行常压蒸馏。

(3) 常压蒸馏

初底油经常压炉F001加热至375℃左右进入常压塔T002进行蒸馏,塔顶油气经常顶油气冷却器E010冷却至40℃进入常顶回流罐V010进行油、水分离,分出的水直接排入含油污水沟。常顶瓦斯供本装置常压炉作为辅助燃料或去火炬系统,常顶汽油由常顶油泵P012打出一路去常顶汽油罐V011,一路作塔顶冷回流。

常压一线油由常压塔T002第8层塔盘馏出进入常一汽提塔T003,汽提油气返回常压塔T002第7层上,常一线油经汽提后由常一泵P011抽出,再经常一冷却器E011换热后冷却至40℃左右进入常一线油罐V012。

常压二线油由常压塔T002第16层馏出，进入常二线汽提塔T004，汽提油气返回常压塔T002第15层上，常压二线油气提后由常二线泵P010抽出，经常二线-原油换热器E001与原油换热后，进入常二线油罐V006。

常压三线油由常压塔T002第24层馏出，进入常三线汽提塔T005，汽提油气返回常压塔T002第23层上，常压三线油气提后由常三线泵P009抽出，经常三线-原油换热器E002与原油换热后，进入常压三线产品罐V005。

常压四线油从常压塔T002第28层馏出，进入常四线汽提塔T006，汽提油气返回常压塔T002第27层上，常压四线油气提后由常四线泵P008抽出，进入常减压油混合器V015。

常压一中段回流由常一中油泵P018从常压塔T002第13层抽出，经常一中-原油换热器E014与原油换热后，返回常压塔T002第10层塔板上。

常压二中段回流由常二中油泵P007从常压塔T002第21层抽出，经常二中冷却器E005与冷却水换热后，打回常压塔T002第19层塔板上。

常压塔T002底重油经常底重油泵P006打出，在减压炉F002辐射室加热到395℃左右进入减压塔T007进行蒸馏。

（4）减压蒸馏

常压塔T002底油经减压炉F002加热到395℃后进入减压塔T006进行减压蒸馏。减顶油气经减顶油气冷却器E012冷凝冷却后，油水进入减顶油水分离罐V014分离切水。减顶瓦斯供本装置减压炉F002作为辅助燃料或去火炬系统。切出的水直排入含油污水沟，减顶汽油用减顶油泵P013抽出至减顶汽油罐V014。

减压一线油用减一线油泵P014由减压塔T007上部一线集油箱抽出，一路经减一冷却器E003与冷却水换热冷却至40℃回流；另一路并入常减压油混合器作催化裂化原料。

减压二线油用减二线油泵P015由减压塔T007上部一线集油箱抽出，一路经减二冷却器E006与冷却水换热冷却至40℃回流；另一路并入常减压油混合器作催化裂化原料。

减压三线油用减三线油泵P016由减压塔T007上部一线集油箱抽出，一路经减三冷却器E007与冷却水换热冷却至40℃回流；另一路并入常减压油混合器作催化裂化原料。

减底渣油经减底油泵P017打出，分三路：一路去减压炉F002，一路去常压炉F001，还有一路先经减底渣油-脱盐后原油换热器E008与脱盐油换热后，再经减底渣油-原油换热器E004与脱盐前原油二次换热后，去减底渣油罐V004。

具体工艺流程图如图5-1所示。

5.3 常减压蒸馏实训装置操作规程

5.3.1 开车前准备

① 检查所有现场手阀是否处于关闭状态。
② 打开总电源和DCS机柜电源开关。
③ 打开两台工控机电源，启动两台工控机。
④ 开机正常后，双击两台工控机的仿真快捷方式，打开数据通信软件data center（常减压数据中心）和Debug（调试）中的VRSP（虚拟现实仿真程序）并登录。

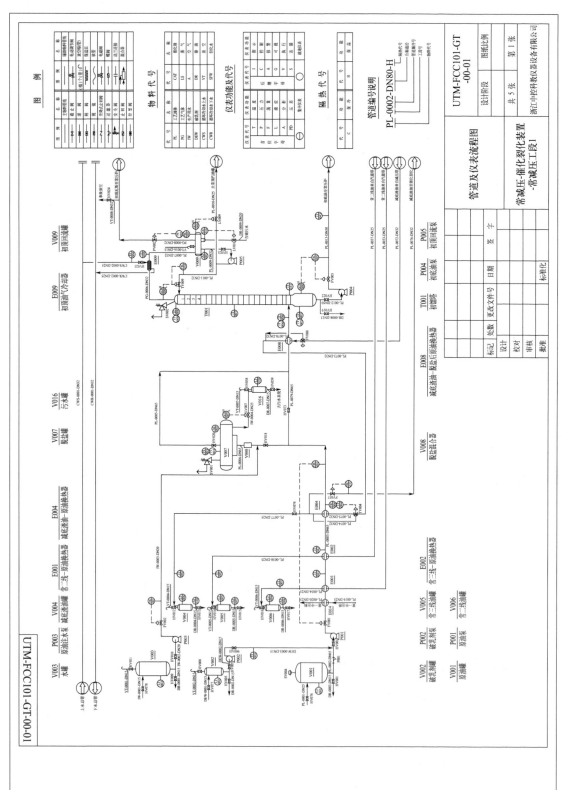

图5-1 常减压工段工艺流程图

⑤ 双击（操作站）桌面监控快捷键，打开监控界面，选择学号、姓名、自由训练培训室，选择常减压操作小组，选择流程图并登录。
⑥ 检测所有机泵和自控阀是否处于关闭状态。
⑦ 进入开车状态，可以开始系统开车。

5.3.2 开车操作

（1）冷进料循环

① 启动原油泵 P001，调节 FV001 开度在 80%±5%，全开 HV020，向脱盐罐进料，待脱盐罐进料后，原油开始溢流进入初馏塔。

② 待初馏塔液位 LICA008 达到 40% 后，启动 P004，调节 FV005 开度到 80%±5%，向常压塔进料。

③ 待常压塔釜液位 LICA011 达到 40% 后，启动 P006，调节 FV022 开度在 80%±5%，向减压塔进料。

④ 待减压塔釜液位 LICA025 达到 40% 后，启动 P017，调节 LV025 开度在 80%±5%，出料冷循环。

⑤ 保持各塔釜液位稳定在 40%。

（2）点火前准备

① 建立冷却水循环。全开 HV023、HV030、HV050、HV065；HV031、HV052、HV063、HV064 开度均为 80%，向冷却器引入冷却水。

② 减顶抽真空。开 PV005 开度在 80%±5%。真空度为 97±3kPa。

（3）系统点火升温

① 常压炉进空气。全开 HV067，向炉内通空气。

② 常压炉给油。调节 FV006 开度在 80%±5%，常压炉给油，点击常压炉点火开关，常压炉点火。控制常压炉出口温度在 375±3℃。

③ 常压炉点火后，减压炉点火。全开 HV069，向减压炉内通空气；调节 FV024 开度在 70%±5%，减压炉给油，点击减压炉点火开关，减压炉点火。控制减压炉出口温度在 395±3℃。

④ 建立常顶冷循环。启动 P012，开 TV018 开度在 10%±5%。

⑤ 建立减顶冷循环。启动 P014，开 FV028 开度在 10%±5%。

⑥ 电脱盐系统开工。TIC004 温度达到 100℃，启动 P002，向电脱盐罐通破乳剂；TIC004 温度达到 115℃，启动 P003，开 FV002 开度在 60%±5%，向电脱盐罐注水。

⑦ 初馏塔顶循环。观察初顶回流罐液位，待初顶回流罐液 LICA009 有液位时，启动 P005，开 TV009 开度在 80%±5%，建立初顶循环，开 PV002 开度 80%±5%，开 HV025 向常压炉通初顶瓦斯；控制塔顶温度 TICA009 在 110±3℃。调节 LV009，控制 LICA009 液位稳定在 40%。

（4）开常压塔塔顶、中段回流

① 根据常压塔顶温度 TIC018，调节 TV018 开度，控制 TIC018 在 110±3℃，TV018 开度 80%±5%，开 PV008 开度 80%±5%，开 HV026，向常压炉通常顶瓦斯。调节 LV016 开度，使常顶回流罐液位稳定在 30%～50%。

② 开常一中回流。启动 P018，开 FV042 开度在 80%±5%。

③ 开常二中回流。启动 P007，开 FV008 开度在 70%±5%。
④ 开 FV007 开度在 80±5%，向常压塔进蒸汽。
⑤ 开常一侧线。开 FV012 开度在 70%±5%，开 HV033 开度 80%±5%，向常一汽提通蒸汽。
⑥ 开常二侧线。开 FV013 开度在 70%±5%，开 HV035 开度 80%±5%，向常二汽提通蒸汽。
⑦ 开常三侧线。开 FV017 开度在 70%±5%，开 HV037 开度 80%±5%，向常三汽提通蒸汽。
⑧ 开常四侧线。开 FV021 开度在 70%±5%，开 HV038 开度 80%±5%，向常四汽提通蒸汽。

（5）开减压塔塔顶、侧线回流
① 开 HV056 开度在 80%±5% 向减压塔釜通蒸汽。
② 根据减压塔顶温度 TIC033，调节 FV028 开度，控制减顶温度 TIC033 在 73±3℃，FV028 开度在 60%±5%。
③ 启动 P015，开 FV031 开度在 60%±5%，开启减二侧线回流。
④ 启动 P016，开 FV032 开度在 60%±5%，开启减三侧线回流。
⑤ 当减顶油水分离罐 LICA021 有液位时，开 HV046 向减压炉通减顶瓦斯。

（6）侧线出料
当各塔顶温度达标且稳定后，即可开始出产品。
① 常压塔侧线出料。
a. 常一侧线出料。当常一汽提塔 LIC015 液位达 40%，启动 P011，开 FV011 开度在 70%±5%，常一侧线出料。
b. 常二侧线出料。当常二汽提塔 LIC014 液位达 40%，启动 P010，开 FV015 开度在 70%±5%，常二侧线出料。
c. 常三侧线出料。当常三汽提塔 LIC013 液位达 40%，启动 P009，开 FV035 开度在 70%±5%，常三侧线出料。
d. 常四侧线出料。当常四汽提塔 LIC012 液位达 40%，启动 P008，开 FV019 开度在 70±5%，常四侧线出料。
控制各汽提塔液位稳定在 30%～50%。
② 减压塔出料。
a. 当减一积油箱 LIC022 液位达 40%，开 FV030 开度在 50%±5%，减一线出料。
b. 当减二积油箱 LIC023 液位达 40%，开 FV033 开度在 50%±5%，减二线出料。
c. 当减三积油箱 LIC024 液位达 40%，开 FV034 开度在 50%±5%，减三线出料。
控制各积油箱液位稳定在 30%～50%。
d. 当减顶油水分离罐 LICA021 液位达 40%，启动 P013，开 LV021 开度在 60%±5%，减顶汽油出料。控制减顶油水分离罐液位稳定在 30%～50%。

5.3.3 停车操作

（1）降量停炉
① 手动调节原油进料阀 FV001 开度，将原油进料流量降低，降量速度为每分钟降低

10t/h，降至150t/h。

② 减小"四塔"测线出口阀，与FV001开度相匹配：FV012、FV011、FV013、FV015、FV017、FV035、FV021、FV019，以及减压塔相应阀门：FV028、FV030、FV031、FV033、FV032、FV034。当原油进料流量降为150t/h时，关常压炉燃料进口阀FV006，停火。

③ 关减压炉燃料进口阀FV024，停火。

④ 关闭FV012、FV011、FV013、FV015、FV017、FV035、FV021、FV019，以及减压塔相应阀门：FV028、FV030、FV031、FV033、FV032、FV034。

⑤ 当各阀门开度降为零时，停止初馏塔顶、常压塔顶（LV009、LV016）汽油出料。

（2）减压塔恢复正常

正常停车过程中，当减压炉出口温度低于360℃时：

① 停蒸汽进口阀PV005，减压塔恢复常压。

② 检查各塔界液位，防止抽空或跑油。

（3）停回流及中循环

按顺序关闭以下阀门：

① 初馏塔TV009、P005。

② 常压塔TV018、P012、FV042、P018。

③ 减压塔FV028、P014。

（4）停注、退油

在正常停车过程中正确掌握好循环、退油环节是关系设备和停车后的扫线顺利进行的关键环节，因此在停车过程中，要保证循环的时间和循环量，具体要求如下。

① 停P002和P003、FV002，停止向系统注水和破乳剂，关HV020，停原油泵P001，关FV001。

② 向装置外退油，停原油进料，将初顶回流罐、常顶回流罐、常一、常二、常三、减一、减二、减三线、三塔塔釜油退至污油线，当各塔釜及侧线液位为20%，关闭侧线出料泵P008、P009、P010、P011、P015、P016以及减压塔出料泵P014、P015、P016。

③ 关所有冷却水、蒸汽、排污等公用工程的进出口阀。

5.3.4 紧急停车操作

（1）需紧急停车的事故

① 发生停水、电、汽、风时，视情况做紧急停车处理。

a. 停电超过15min。

b. 确认停循环水超过15min。

c. 若原油中断时间超过15min。

② 常减压炉故障。

a. 炉管严重结焦时。

b. 炉管泄漏着火，无法扑灭时。

c. 炉出口管热电偶及温度计套漏油着火。

③ 泵入口阀串汽或堵塞，经检查整改，无法修复。

④ 风机故障。

a. 发现风机有剧烈的噪声。
b. 轴承温度剧烈上升。
c. 风机发生剧烈振动和撞击。
(2) 紧急停车操作方式
① 常压炉、减压炉降温。
a. 联系中控室,各产品改走不合格罐。
b. 确认常压加热炉、减压加热炉长明灯正常燃烧。
c. 关闭两炉燃料油或高压、低压瓦斯二次手阀。
d. 用蒸汽将各油嘴或瓦斯嘴内存油、存气吹扫干净。
e. 将燃料油或高压瓦斯调节阀关闭。
f. 将高压瓦斯调节阀保护阀关闭。
g. 关闭减顶瓦斯进常压炉真空器(即关闭减顶瓦斯进常压炉阀门及蒸汽阀门)。
h. 关小烟道挡板,燃料油系统正常循环。
② 切断装置进料。
a. 联系原油罐区停运原油泵。
b. 关闭原油入装置阀。
c. 关闭常压塔底、汽提塔底吹汽阀。
d. 将常压炉顶过热蒸汽出口放空阀打开,少量蒸汽放空。
e. 打开初、常顶低压瓦斯放空阀,需佩戴(3M)防毒面具。
f. 停常四线、常三线、常二线、常一线机泵,关闭各泵出口阀;
g. 确认初、常顶温度降至90℃以下。
h. 停常一中、常二中回流泵,停运注中和缓蚀剂泵,关闭各泵出口阀。
i. 控制各油品冷后温度在规定指标范围内。
③ 减压岗位操作内容。
a. 减压岗位关闭塔顶蒸汽进口阀PV005。
b. 关闭减压塔底、汽提塔底吹汽阀。
c. 关闭减顶瓦斯进常压炉阀门,改减顶瓦斯往塔顶放空。
d. 停减四线、减三线、减二线、减一线机泵,关闭各泵出口阀。
e. 确认减顶温度降至90℃以下。
f. 控制各油品冷后温度在规定指标范围内。
g. 切除电脱盐系统,引扫线蒸汽。
h. 关闭注水、破乳剂泵出口阀后停电。
④ 关闭电脱盐罐脱水流控阀。
a. 打开电脱盐罐出入口跨线阀,关闭原油入电脱盐罐出入口阀门。
b. 将塔区、换热器区、炉区、泵房扫线蒸汽引至扫线点和接力点排凝,准备扫线。

5.4 信号阀门列表

常减压蒸馏实训装置的信号阀门如表5-3、表5-4所示。

表5-3 手阀（带信号）列表

序号	信号阀名称	序号	信号阀名称
HV020	脱盐罐出口阀	HV038	常四汽提塔蒸汽进口阀
HV023	初顶循环油水冷却器冷却水进口阀	HV046	减顶瓦斯至减压炉进口阀
HV024	初顶瓦斯放空阀	HV050	减顶油气冷却器冷却水进水阀
HV025	初顶瓦斯入常压炉进口阀	HV052	减一冷却器冷却水进口阀
HV026	常顶瓦斯入常压炉进口阀	HV056	入减压塔蒸汽进口阀
HV029	常顶瓦斯放空阀	HV063	减二冷却器冷却水进口阀
HV030	常顶油气冷却器冷却水进口阀	HV064	减三冷却器冷却水进口阀
HV031	常一换热器冷却水进口阀	HV065	常二中冷却器冷却水进口阀
HV033	常一汽提塔蒸汽进口阀	HV067	常压炉空气进口阀
HV035	常二汽提塔蒸汽进口阀	HV069	减压炉空气进口阀
HV037	常三汽提塔蒸汽进口阀	HV074	减顶瓦斯放空阀

表5-4 调节阀列表

序号	调节阀名称	序号	调节阀名称
TV004	渣油-原油换热器出口原油温度调节阀	FV022	常底重油泵出口流量调节阀
TV009	初馏塔顶回流调节阀	FV024	减顶油进减压炉进口流量调节阀
TV018	常压塔顶出口管路蒸汽温度调节阀	FV028	减一线回流流量调节阀
PV002	初顶回流罐压力调节阀	FV030	减一线泵出口流量调节阀
PV005	减压塔塔顶蒸汽压力调节阀	FV031	减二线回流流量调节阀
PV007	常顶回流罐压力调节阀	FV032	减三线回流流量调节阀
FV001	原油泵出口流量调节阀	FV033	减二线泵出口流量调节阀
FV002	脱盐注水泵出口流量调节阀	FV034	减三线泵出口流量调节阀
FV005	初底油泵出口流量调节阀	FV035	常三线油泵出口流量调节阀
FV006	减顶渣油入常压炉流量调节阀	FV037	减顶渣油流量调节阀
FV007	入常压塔蒸汽流量调节阀	FV042	常一中油泵流量调节阀
FV008	常二中油泵出口流量调节阀	LV007	脱盐罐液位调节阀
FV011	常一线油泵出口流量调节阀	LV009	初顶回流罐液位调节阀
FV012	常一侧线出塔流量调节阀	LV010	初顶回流罐界位调节阀
FV013	常二侧线出塔流量调节阀	LV016	常顶回流罐液位调节阀
FV015	常二线油泵出口流量调节阀	LV017	常顶回流罐界位调节阀
FV017	常三侧线出塔流量调节阀	LV021	减顶油水分离罐液位调节阀
FV019	常四线油泵出口流量调节阀	LV025	减压塔塔底液位调节阀
FV021	常四侧线出塔流量调节阀	LV026	减顶油水分离罐界位调节阀

5.5 主要稳态工艺参数控制范围

① 脱盐罐压力：1.2±0.3MPa。

② 减压塔塔顶压力：-96±3kPa。
③ 与减低渣油换热后原油温度TIC004：125±3℃。
④ 入初馏塔原油温度TI006：210±5℃。
⑤ 初馏塔塔顶温度TICA009：110±3℃。
⑥ 常压炉后原料温度TICA013：375±5℃。
⑦ 常压塔塔顶温度TICA018：110±3℃。
⑧ 减压炉后原料温度TICA026：395±5℃。
⑨ 减压塔塔顶温度TIC033：73±3℃。
⑩ 初馏塔、常压塔、减压塔塔釜液位稳定在30%～50%。
⑪ 常压炉、减压炉炉温不得超过750℃。
⑫ 常压各个汽提塔的塔釜液位应为30%～50%。
⑬ 减压塔各个积液箱液位应为40%～60%。
注意：各个塔顶回流罐液位应为30%～50%，油水分离器界位应高于2%低于50%。

【思考题】

1. 本常减压蒸馏装置的工艺流程由哪几部分组成？
2. 需要紧急停车的事故有哪些？
3. 遇到事故时，应如何进行紧急停车操作？

参考文献

[1] 张宏丽, 周长丽, 闫志谦. 化工原理. 北京：化学工业出版社, 2006.
[2] 王志魁. 化工原理. 5版. 北京: 化学工业出版社, 2023.
[3] 刘佩茹. 化工过程与设备. 北京：化学工业出版社, 1994.
[4] 寿德清, 山红红. 石油加工概论. 青岛: 中国石油大学出版社, 1996.
[5] 林世雄. 石油炼制工程. 北京：石油工业出版社, 2000.
[6] 李淑培. 石油加工工艺学. 北京: 中国石化出版社, 1991.
[7] 张建芳, 山红红, 涂永善. 炼油工艺基础知识. 北京：中国石化出版社, 2004.
[8] 杨合朝, 山红红, 张建芳. 两段提升管催化裂化系列技术. 炼油技术与工程, 2005, 35: 36-41.
[9] 王文婷, 李晓刚, 马达. 催化裂化装置二段提升管反应器技术改造. 石化技术与应用, 2005, 23: 36-39.
[10] 吴重光. 化工仿真实习指南. 北京：化学工业出版社, 1999.